# 건축물의 보수와 유지·관리

이 민 석 지음

출판 건밀도M

성급한 마음에서 미흡함에도 불구하고 우선 이 책을 출판한다.
건축물의 안전 진단과 보수·보강을 포함한 유지 및 관리에 대한
관심이 대두되고 있는 지금,
이 책이 조금이나마 도움이 되기를 기원하며……
그리고 계속되는 개정판의 출간을 약속하며…….

1997년 7월 미북리 산기슭에서

이 민석

# 목 차

**1 서론** ································································15

**2 철근 콘크리트의 구성적 특성** ································17
  2.1 콘크리트의 철근 피복 두께 ································17
  2.2 콘크리트의 알칼리성 ········································18
  2.3 압축 강도와 접합 강도 ······································20
  2.4 형태 변화 ························································22
  2.5 방수성 ·····························································24
  2.6 내화학성 ··························································25
  2.7 습기와 이산화 탄소의 투과 ·······························27

**3 콘크리트의 탄소화 측정과 평가** ···························31
  3.1 콘크리트의 탄소화 ···········································31
  3.2 콘크리트의 탄소화 깊이 측정 ···························33
  3.3 탄소화에 의한 부식 정도의 등급 결정 ··············34

## 4 철근 콘크리트의 훼손과 부식 ··········································································39
### 4.1 시각적 훼손과 부식 ·······················································································39
#### 4.1.1 명암의 차이와 색의 비균일 ···································································39
#### 4.1.2 공동(空洞) 현상 ····················································································41
#### 4.1.3 백화 현상(칼크의 이탈) ········································································43
#### 4.1.4 거푸집 분리 물질에 의한 오염 ······························································45
#### 4.1.5 녹 자국에 의한 오염 ············································································47
#### 4.1.6 기타 물질에 의한 오염 ········································································47
### 4.2 재료적 훼손과 부식 ·······················································································49
#### 4.2.1 시멘트석의 파열 ···················································································49
#### 4.2.2 모래의 이탈 ·························································································51
#### 4.2.3 철근의 부식 ·························································································53
#### 4.2.4 화재로 인한 훼손 ·················································································58
#### 4.2.5 해빙·결빙에 의한 훼손 ·········································································60
#### 4.2.6 결로에 의한 훼손 ·················································································63
#### 4.2.7 미생물에 의한 훼손 ·············································································64

## 5 철근 콘크리트의 보수 ························································································67
### 5.1 콘크리트 표면의 준비 ····················································································70
### 5.2 철근의 부식 방지 ···························································································72
#### 5.2.1 탄소화에 의한 콘크리트 부식의 보수 ·················································73
##### 5.2.1.1 알칼리성의 재생을 통한 부식 방지(보수 공법 R) ··············73
##### 5.2.1.2 함수량의 감소를 통한 부식 방지(보수 공법 W) ················75
##### 5.2.1.3 철근의 도료 공사를 통한 부식 방지(보수 공법 C) ············75
#### 5.2.2 염에 의한 콘크리트 부식의 보수 ························································80
##### 5.2.2.1 알칼리성의 재생을 통한 부식 방지(보수 공법 R-Cl) ·······82
##### 5.2.2.2 함수량의 감소를 통한 부식 방지(보수 공법 W-Cl) ·········83

5.2.2.3　철근의 도료 공사를 통한 부식 방지(보수 공법 C-Cl) ·················83
　　5.2.3　철근의 음극화에 의한 부식 방지 ······················································83
　5.3　콘크리트의 접합력 향상 ···············································································84
　5.4　보수 모르타르 바르기 ··················································································86
　　5.4.1　인조 모르타르(Polymer Concrete=PC) ·············································89
　　5.4.2　인조 개량 시멘트 모르타르(Polymer Cement Concrete=PCC) ······89
　　5.4.3　시멘트 모르타르 ···················································································90
　5.5　마감 처리 ······································································································90
　　5.5.1　마감 모르타르 바르기 ···········································································91
　　5.5.2　도료의 공사 ··························································································91

# 6  공정에 따른 보수 공사비 산출 ·········································································97

# 7  콘크리트의 균열 ······························································································101
　7.1　균열의 발생과 원인 ·····················································································104
　　7.1.1　응력에 따른 콘크리트와 철근의 상이한 형태 변화 ·····························104
　　7.1.2　콘크리트의 경화에 따른 발열 현상 ······················································105
　　7.1.3　수축 ·······································································································107
　　7.1.4　기후의 영향 ··························································································108
　　7.1.5　결함이 있는 콘크리트의 생산 ································································109
　　7.1.6　결함이 있는 콘크리트의 충전 ································································109
　7.2　균열의 보수 ··································································································109
　　7.2.1　균열 보수의 일반적 개념 ······································································109
　　7.2.2　발생 시기에 따른 균열의 보수 ·····························································111
　　　7.2.2.1　경화 중 발생하는 균열의 보수 ······················································111
　　　7.2.2.2　경화 후 발생하는 균열의 보수 ······················································111
　　　7.2.2.3　완전 경화 후 발생하는 균열의 보수 ·············································112
　7.3　균열 보수의 감리·검사 ················································································114

## 8 보수 공사의 품질 ... 117
- 8.1 인력과 기자재 ... 117
- 8.2 보수 공사의 감리 · 검사 ... 119
  - 8.2.1 자체 감리 · 검사 ... 119
  - 8.2.2 외부 위탁 감리 · 검사 ... 120
- 8.3 보수 공사에 대한 개별적 감리 · 검사 ... 122
  - 8.3.1 콘크리트 표면의 감리 · 검사 ... 123
  - 8.3.2 보수 모르타르, 보수 콘크리트의 감리 · 검사 ... 125
  - 8.3.3 마감 처리의 감리 · 검사 ... 126
  - 8.3.4 감리 · 검사를 위한 준비 ... 128

## 9 유기 재료의 부식 ... 131
- 9.1 목재의 부식 ... 131
- 9.2 역청계(瀝靑系 ; Bitumen계) 재료의 부식 ... 132
- 9.3 인조 재료의 부식 ... 133

## 10 기타 금속의 부식 ... 135
- 10.1 공기와 물의 영향 ... 135
- 10.2 알루미늄 ... 137
- 10.3 납 ... 138
- 10.4 구리 ... 138
- 10.5 아연 ... 139

## 참고 문헌 ... 141

# 표 목 차

표 2.1 기후 조건과 철근의 크기에 따른 콘크리트(강도＞25N/mm$^2$)의
　　　　최소 철근 피복 두께 ·································································································18
표 2.2 화학 물질의 종류와 농도에 따른 물의 화학적 영향 ·············································26
표 2.3 화학 물질의 종류와 농도에 따른 흙의 화학적 영향 ·············································26
표 2.4 화학적 영향에 따른 콘크리트의 대처 방안 ·····························································26
표 2.5 건축 재료별 습기와 이산화 탄소의 투과 저항 계수 ·············································29
표 4.1 모래의 이탈에 따른 콘크리트의 보수 ·····································································52
표 4.2 콘크리트 구성 재료에 따른 최대 허용 염화물 함량(ACI 318) ··························56
표 4.3 일본의 염화물 함량 규제 ····························································································56
표 4.4 한국의 염화물 함량 규제 ····························································································56
표 4.5 화재에 따른 철근 콘크리트 훼손의 등급 결정 ·····················································59
표 5.1 보수 공사의 필요 판단을 위한 기준 ·······································································68
표 5.2 콘크리트 표면의 검사 종류 ························································································69
표 5.3 결로의 방지를 위한 공기의 상대 습도와 온도에 따른 철근의 허용 온도 ·················78
표 5.4 모르타르의 종류와 재료의 배합비 ············································································85

표 5.5  보수 모르타르 공사를 위한 외부 영향의 종류 구분 ················· 87
표 5.6  보수 모르타르의 물리적 특성 ············································· 88
표 5.7  보수 모르타르의 허용 두께(넓은 표면의 공사시) ················· 89
표 5.8  0.1 mm 두께를 갖는 도료의 $H_2O$ 투과 저항값, $CO_2$ 투과 저항값 ········· 93
표 5.9  칼긋기 시험에 따른 도료의 접합력 등급 ···························· 94
표 7.1  허용 최대 균열 폭의 규격값 예 ········································ 103
표 7.2  균열의 충전 재료에 따른 공사 조건 ·································· 110
표 7.3  균열 보수 공사의 감리·검사를 위한 시험 대상, 종류 및 방법 ········· 115
표 8.1  콘크리트에 있어서 감리·검사의 종류, 범위 및 빈번도 ············ 121
표 9.1  인조 재료의 화학적 결합 에너지와 빛 에너지 ····················· 134
표 10.1  공기의 종류에 따른 금속의 부식 정도 ······························ 136
표 10.2  금속의 접촉 부식 ···························································· 137

# 그 림 목 차

그림 2.1  접합 강도 시험 장치 ·················································································21
그림 2.2  칼긋기 시험에 의한 콘크리트의 훼손과 강도의 측정 ·································22
그림 3.1  시간과 콘크리트의 강도에 따른 탄소화 깊이 ············································32
그림 3.2  콘크리트의 탄소화 깊이 측정 ····································································33
그림 3.3  중성화 방지를 위한 도료의 $s_d$ 수치에 따른 콘크리트(재령 10년)의
　　　　　중성화 속도 변화 ························································································35
그림 3.4  탄소화에 의한 철근 콘크리트의 훼손 ·······················································36
그림 3.5  불충분한 콘크리트의 철근 피복 두께에 의한 철근의 녹슬음과 그것에 따른
　　　　　콘크리트의 파열 ··························································································37
그림 4.1  높은 물시멘트비에 기인한 콘크리트 표면의 색의 비균일 ·························40
그림 4.2  거푸집의 상이한 건조 상태에 따른 콘크리트 표면의 색의 비균일 ············41
그림 4.3  미세한 콘크리트 구성 물질의 경화 전 유출에 의한 공동 현상 ················41
그림 4.4  콘크리트 표면의 공동 현상(비흡수성의 거푸집을 이용) ····························42
그림 4.5  재료의 분리 ·······························································································42
그림 4.6  평평한 골재의 이탈 ····················································································42

그림 4.7 백화 현상에 의한 콘크리트의 훼손 ··················································43
그림 4.8 백화 현상에 의한 콘크리트의 훼손 ··················································43
그림 4.9 백화 현상에 의한 콘크리트의 훼손 ··················································44
그림 4.10 콘크리트 표면의 백화 현상(거푸집 제거 후) ·································44
그림 4.11 거푸집 분리 물질의 오용에 따른 콘크리트 표면의 변색 ············45
그림 4.12 거푸집 분리 물질의 오용에 따른 콘크리트 표면의 변색 ············46
그림 4.13 잔여 거푸집 분리 물질의 제거 ························································46
그림 4.14 빗물에 의한 콘크리트 표면의 오염 ················································49
그림 4.15 철의 부식(녹)에 의한 콘크리트의 파열 ··········································53
그림 4.16 콘크리트 기공수의 낮은 pH 수치와 부동태 피막의 파괴 ···········55
그림 4.17 철의 전기 화학적 부식 현상 ····························································57
그림 4.18 화재 발생시 시간에 따른 콘크리트의 열의 변화 ·························59
그림 4.19 해빙제에 의한 콘크리트의 훼손 ······················································61
그림 4.20 해빙제에 의한 콘크리트의 훼손 ······················································61
그림 4.21 해빙제에 의한 콘크리트의 훼손 ······················································62
그림 4.22 외기와 접한 천장 부위에 발생한 결로 ··········································63
그림 4.23 발코니 천장 부위에 발생한 결로에 의한 훼손 ·····························64
그림 4.24 미생물에 의한 콘크리트의 오염 ······················································65
그림 4.25 압력수를 이용해 오염이 제거된 줄 모양 ······································65
그림 5.1 물 흘리기에 의한 흡수 시험 ······························································68
그림 5.2 모르타르 보수 시스템 ··········································································70
그림 5.3 압력수를 이용한 콘크리트 표면의 부식물 제거 ···························71
그림 5.4 보수 방법 R1 ··························································································74
그림 5.5 보수 방법 R2 ··························································································74
그림 5.6 보수 방법 W ··························································································76
그림 5.7 보수 방법 C ····························································································76
그림 5.8 외부로 노출된 철근의 부식 방지 도료의 공사 ·····························79
그림 5.9 열화의 진행과 구조물의 성능과의 관계 ··········································81

| | | |
|---|---|---|
| 그림 5.10 | 보수 방법 R1-Cl | 82 |
| 그림 5.11 | 철의 음극화 부식 방지 | 84 |
| 그림 5.12 | 철근의 깊이와 마감 처리 두께에 따른 보수 시스템 | 88 |
| 그림 5.13 | 도료의 공사 종류 | 91 |
| 그림 5.14 | 3급 도료의 공사 발수 성능 | 92 |
| 그림 5.15 | 균열을 통한 물의 침투에 의한 도료의 균열 | 95 |
| 그림 5.16 | 도료의 박리 | 95 |
| 그림 5.17 | 장시간 습한 부위에 발생하는 도료의 기포 현상 | 95 |
| 그림 7.1 | 시공 조인트의 균열에 의한 비방수성 | 102 |
| 그림 7.2 | 콘크리트의 경화 시간과 벽체의 두께 d에 따른 중심부 온도 $\vartheta$와 중심부와 표면 부위 사이의 온도차 $\Delta\vartheta$ | 106 |
| 그림 7.3 | 단열 및 재료 냉각에 의한 경화 발열의 변화 | 107 |
| 그림 7.4 | 온도에 의한 응력 발생에 따른 전봇대의 균열 | 108 |
| 그림 7.5 | 콘크리트의 비용이한 충전을 야기시키는 밀도 높은 철근의 배근 | 109 |
| 그림 7.6 | 균열 충전의 용이를 위한 균열 넓이의 확충 | 113 |
| 그림 7.7 | 중력 및 모세 현상을 이용한 균열의 충전 | 113 |
| 그림 7.8 | 중력 및 모세 현상을 이용한 균열의 충전 | 113 |
| 그림 7.9 | 균열의 보수 공사 | 114 |
| 그림 7.10 | 균열의 충전 | 115 |
| 그림 8.1 | 건축 부위의 온도 측정 | 118 |
| 그림 8.2 | 건축 부위의 온도 측정 | 119 |
| 그림 8.3 | 흡수 시험 | 124 |
| 그림 8.4 | 접합 강도의 측정 | 126 |

# 1 서론

    건축 분야에서 지난 20년간은 건축물의 급속한 수요 증가와 그것에 따른 공급의 충족이 우선 과제였다고 해도 과언이 아니다. 특히 APT의 보급을 중심으로 수많은 건축물이 철근 콘크리트 구조로 건립되었는데, 이것은 철근과 콘크리트와의 재료적 친화성과 콘크리트의 경제성 및 성능의 제어 가능성 등에 주로 기인한다고 할 수 있다.

    그러나 "공급을 위한 공급"에 치중한 결과 질적인 측면에서 수많은 하자가 발생하였으며, 그중 철근 콘크리트의 내구성과 관련된 열화 문제가 가장 심각하게 대두되었다. 재료적인 측면에서의 한 예로, 해사를 사용한 콘크리트 구조물에는 염화물에 의한 콘크리트의 직접적인 중성화 및 그것에 따른 철근의 부식에 기인하여 유지 관리상의 문제 뿐만 아니라 구조적인 안전 문제까지도 대두하게 되었다. 그것에 따라 최근 콘크리트의 내구성 향상을 위한 산·학·연의 연구가 활발히 진행되고 있으며, 이것은 철근 콘크리트의 수명 연장 및 구조적 안전성 확보 이외에 자원의 유효 이용이란 측면도 함께 포함하고 있다.

    내구성 향상에 대한 연구 및 관심의 한 예로, 현재 일본에서는 JASS 5에 새로운 강도 개념을 정립하고 있다. 건축물의 사용 기간을 미리 예측·설정하여 그것에 따른 설계 기준 강도 또는 이른바 "내구 설계 기준 강도"를 결정하는 것인데, 이들을 고려하여 이른바 "콘크리트의 품질 기준 강도"가, 그리고 더 나아가 콘크리트의 배합 강도가 결정된다.

철근 콘크리트의 내구성 향상을 위한 방법은 크게 시공 전과 시공 후로 대별할 수 있는데, 시공 전의 내구성 향상은 일반적으로 재료 및 구조의 선별에 의해 달성될 수 있으며, 시공 후의 내구성 향상은 건축물의 사용 방법 및 보수·보강을 포함한 유지·관리에 의해 달성될 수 있다.

내구성 향상을 위한 재료 선별의 한 예로, 콘크리트의 구성 물질인 시멘트, 골재, 배합수 등의 종류에 따른 성분 파악 및 콘크리트의 내구성에 미치는 영향을 정확히 파악하고, 콘크리트의 성질 개량을 위한 혼화제 역시 종류나 첨가량에 따른 효능 분석을 통해 적절한 재료를 선택해야 한다. 또한 내구성 향상을 위한 구조 선별의 한 예로, 가급적 구조체가 유해 환경에 노출되지 않는, 또는 외기의 영향을 완화시킬 수 있는 구조 방식의 연구 및 분석이 필요하며, 건축물의 사용시 하중과 내구성과의 관계를 고려한 사용 하중의 제한이 이루어져야 한다.

상술한 철근 콘크리트의 내구성 향상을 위한 방법 중에서 가장 어렵고 가장 신중을 기해야 하는 분야로 보수·보강을 들 수 있다. 이것은 기존 건축 재료의 특성 파악 및 부식(열화) 메커니즘의 이해가 전제로 되어야 할 뿐만 아니라 보수·보강 재료의 특성 및 기존 재료와의 친화성까지도 사전에 분석되어져야 하기 때문이다.

그러나 이러한 내구성 향상의 기술 습득은 단기간에 이루어질 수 있는 성질의 것이 아니라, 내구성 향상에 초점을 맞춘 꾸준한 연구와 풍부한 경험의 축적만을 통해서 달성될 수 있는 것이다. 또한 건축물 전체의 유지·관리란 측면에서 볼 때 콘크리트 자체의 내구성 향상 뿐만 아니라 기타 건축 재료의 부식(열화) 방지에 관한 연구도 아울러 병행되어야 할 것이다.

# 2
# 철근 콘크리트의 구성적 특성

　철근 콘크리트란 철근과 콘크리트로 구성된 하나의 결합 재료로서, 그들 상호간의 친화력은 철근 콘크리트의 질(성능)을 판단하는 하나의 기준이 된다. 이것은 또한 일반적으로 시멘트와 물 그리고 골재로 구성되어 있는 콘크리트에서도 동일하게 적용되는데, 이러한 결합 재료들의 물리적, 화학적 또는 전기 화학적 작용에 의한 재료의 파괴 또는 부식(열화) 현상, 그리고 그것에 따른 재료의 원초적 성질의 상실을 이른바 "철근 콘크리트의 훼손"이라고 정의한다.
　다음의 사항은 철근 콘크리트의 훼손 방지 측면에서 기본적으로 고려되어야 할 구성적 특성이다.

## 2.1 콘크리트의 철근 피복 두께

　주변의 기후 환경, 철근의 크기(직경), 콘크리트의 강도(또는 밀도) 등은 콘크리트의 최소 철근 피복 두께를 결정하는 중요 요인이다. 만일 콘크리트의 철근 피복 두께가 불충분할 경우에

표 2.1 기후 조건과 철근의 크기에 따른 콘크리트(강도＞25 N/mm²)의 최소 철근 피복 두께

| 기후 조건 | 철근 직경(mm) | 철근 피복 두께(cm) |
|---|---|---|
| 내부에 위치한 건축 부위<br>(예를 들면 주택, 사무실, 학교) | ＜12<br>14, 16<br>20<br>25<br>28 | 1.0<br>1.5<br>2.0<br>2.5<br>3.0 |
| 외부 공기에 노출되었거나 물이나 지면과 접촉된 건축 부위<br>(예를 들면 실내 운동장, 실내 주차장) | ＜20<br>25<br>28 | 2.0<br>2.5<br>3.0 |
| 높은 습도나 약한 화학적 영향에 노출된 건축 부위<br>(예를 들면 공장 식당, 욕실, 수용장) | ＜25<br>28 | 2.5<br>3.0 |
| 부식의 위험(강한 화학적 영향)에 노출된 건축 부위<br>(예를 들면 유해 가스나 산에 노출) | 28 | 4 |

는 철근까지 습기, 물 또는 유해 물질이 쉽게 침투하여 철근의 부식(녹)을 발생시키는데, 이것은 부산물의 부피 증가에 따른 콘크리트의 파열을 용이케 하여 건축물의 훼손 정도와 그 속도를 점차 가중시키는 결과를 초래한다.

기후 조건과 철근의 크기에 따른 콘크리트(강도＞25 N/mm² 경우)의 권장 최소 철근 피복 두께는 표 2.1과 같다.

표 2.1에 따르면 외기의 유해 작용이 심할수록, 즉 부식의 위험을 야기시키는 영향 정도가 클수록 사용되는 철근의 두께와 콘크리트의 철근 피복 두께는 일반적으로 점차 증가한다.

## 2.2 콘크리트의 알칼리성

산성 또는 알칼리성의 강약은 소위 "pH 수치"(H 또는 OH 이온의 농도)로 판별된다. 만일 어떠한 용액의 측정된 pH 수치가 7일 경우에 이 용액은 중성의 성질을, 그것보다 작을 경우에는 산성의 성질을, 그것보다 클 경우에는 알칼리성(염성)의 성질을 갖고 있음을 의미한다.

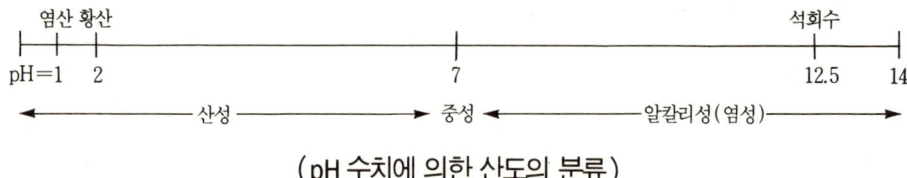

(pH 수치에 의한 산도의 분류)

## 2.2 콘크리트의 알칼리성

방금 생산된 콘크리트는 일반적으로 강한 알칼리성(pH 수치 : 약 12.5)을 나타낸다. 이러한 강한 알칼리성은 시멘트에 함유되어 있는, 정확히 말해 콘크리트의 기공수에 녹아 있는 소석회($Ca(OH)_2$) 때문이다. 콘크리트의 알칼리성이 강할수록 철근의 부식 방지 기능 역시 증가하게 되는데, 콘크리트가 공기 중의 $CO_2$와 접촉할 경우 점차 그 알칼리성을 상실하여 중성으로 변하게 된다(3장 참조). 이러한 현상을 이른바 "콘크리트의 중성화" 또는 "콘크리트의 탄소화"라고 하는데, 이것은 철근 부식의 원인이 된다. 앞에서 말한 소석회의 생성 작용과 순환 작용은 다음과 같다.

석회 연소  $CaCO_3 \rightarrow CaO + CO_2$

석회 소화  $CaO + H_2O \rightarrow Ca(OH)_2$

탄소화  $Ca(OH)_2 + CO_2 \rightarrow CaCO_3 + H_2O$

(소석회의 생성과 순환)

접합제로서의 석회와 시멘트는 흡열 과정(1 000℃ 또는 1 450℃)을 통해 생성되며, 물과의 화학 반응에 의한 시멘트의 경화(수화) 작용은 발열 과정을 거쳐 완성된다. 이러한 낮은 위상으로의 열에너지 흐름(열 역학 제2법칙)은 약 2.5배의 부피 증가를 동반하는 다음과 같은 철의 산화 작용에서도 동일하게 적용된다.

$Fe_2O_3$ : 철광석

$FeO(OH)$ : 녹(일반적인 녹의 형태)

(용광로에서의 환원 작용)

$3Fe_2O_3 + CO \rightarrow 2Fe_3O_4 + CO_2$

$Fe_2O_3 + CO \rightarrow 3FeO + CO_2$

$FeO + CO \rightarrow Fe + CO_2$

(철의 부식 작용)

$Fe^{2+} + 2OH^- \rightarrow Fe(OH)_2$

$Fe(OH)_2 + O_2 \rightarrow Fe_2O_3 \cdot H_2O$

$Fe_2O_3 \rightarrow 2(FeO(OH))$

(철의 산화 작용)

## 2.3 압축 강도와 접합 강도

콘크리트의 분류를 위하여 또는 물리적 특성, 예를 들면 하중 감당 및 내구성 등의 평가를 위한 한 척도로 압축 강도($N/mm^2$ 또는 $kg/cm^2$)라는 개념이 이용된다.

콘크리트의 압축 강도 측정에 사용되는 표준 시험체로는 ─ 독일 공업 규격 DIN 1045에 따르면 ─ 28일이 경화된 200 mm 크기의 원통형이나 정육면체가 주로 사용된다. 그러나 150 mm 크기의 시험체가 사용될 경우에는 측정된 압축 강도의 5%를, 100 mm 크기의 시험체가 사용될 경우에는 측정된 압축 강도의 10%를 감한 강도를 그 시험체의 압축 강도로 산정한다. 그러나 숏크리트(Shotcrete)의 압축 강도 측정을 위해서는 높이(h)와 직경(d)의 비율 h : d=1을 갖는 원통형의 시험체가 주로 이용된다.

KS F 2405에 규정된 콘크리트의 압축 강도 시험 방법에 따르면, 일반적으로 높이(h)와 직경(d)의 비율 h : d=2를 갖는 원통형의 시험체가 사용된다. 표면 고르기를 마친 시험체에 초당 $1.5 \sim 3.5\,kg/cm^2$(수압식 시험기 사용시)로 점차 증가되는 힘을 가해 시험체가 파괴될 때의 최대(파괴) 하중을 구한 후 식 (1)에 따라 콘크리트의 압축 강도를 구한다. 이때 최대 하중의 절반까지는 빠른 속도로 하중을 가하여도 무방하다.

$$\text{압축 강도}(kg/cm^2) = \frac{\text{최대(파괴) 하중}(kg)}{\text{공시체의 단면적}(cm^2)} \tag{1}$$

상술한 압축 강도 시험 방법은 콘크리트의 파손을 동반하는 단점을 갖고 있는 반면, 비파괴 측정 방법은 ─ 계측기 사용 방법의 복잡성, 정확도의 편차 등을 제외한다면 ─ 콘크리트의 손상 없이 강도를 측정할 수 있는 장점을 갖고 있다.

가장 손쉽게 사용할 수 있는 비파괴 측정 방법의 하나로 반동 해머(이른바 슈미트 해머 시험법)를 이용한 강도 측정법을 들 수 있는데, 사용되는 시험체는 최소 10~12 cm 이상의 두께를 갖고 있어야 하며 측정은 모서리 부분을 피하여, 즉 모서리에서 최소 3 cm 들어간 곳에서 가로 5개, 세로 4개의 선을 약 3 cm 간격으로 그은 후 각 교점 20개에 대하여 압축 강도 시험을 실시한다. 그러나 만일 측정면과 수직으로 측정이 이루어지지 않았다든지 측정면이 물 등에 의해 젖어 있을 경우에는 해당하는 보정값을 고려하여 압축 강도를 산정해야 한다.

시험에 의한 콘크리트의 강도 결정은 측정 횟수의 95% 이상에서 일정한 수치 이상의 강도가 측정되어야만 그 콘크리트의 강도로 결정할 수 있다. 예를 들면 콘크리트의 강도 $25\,N/mm^2$의 결정을 위해서는 측정 횟수의 95% 이상에서 강도$>25\,N/mm^2$이 측정되어야만 한다.

상술한 슈미트 해머법 이외에 주로 사용되는 비파괴 강도 시험법으로는 초음파법, 관입법, 인발법, Pull-off법 등이 있으며, 콘크리트의 내부 검사 및 노화도 진단 시험법으로는 적외선법, 탄성파법, X선법, 레이저법, 전극 전위법 등을 들 수 있다.

시간적 제약으로 28일 재령의 압축 강도를 측정할 수 없을 경우에는 조기 강도의 측정을 통해 28일 강도를 추정한다. 이른바 "압축 강도의 조기 추정법"의 종류로 "촉진법"과 "7일 강도 추정법"을 들 수 있는데, 촉진법은 급결제(급속 경화법)나 높은 온도(55℃ 온수법)를 이용해 콘크리트의 경화를 촉진시킨 후 추정식을 통해 압축 강도를 구하는 반면, 7일 강도 추정법은 재령 7일 강도를 측정한 후 다음의 식에 따라 재령 28일 강도를 추정한다.

$$F_{28}=F_7+80(kg/cm^2) \quad (\text{조강 포틀랜드 시멘트}) \tag{2}$$

$$F_{28}=1.35 \cdot F_7+30(kg/cm^2) \ (\text{보통 포틀랜드 시멘트, 혼합 시멘트}) \tag{3}$$

또 하나의 중요한 콘크리트 강도로, 보수 모르타르를 이용해 콘크리트 보수 공사를 할 때 기존 콘크리트와 보수 모르타르와의 친화성 시험을 위해 우선적으로 검사해야 할 접합 강도를 들 수 있다. 시험체 위에 강력히 접착된 철 스템펠(직경 5 cm)을 일정한 속도와 힘으로 —약 300 N/s— 당기어 측정되는 접합 강도는, 보수 모르타르에서는 최소한 1.0~1.5의 수치를 나타내어야 한다(그림 2.1 참조).

그러나 시간적 소요, 기계적 방대성, 사용 장소의 한계성 등으로 인하여 단지 전문가에 한하

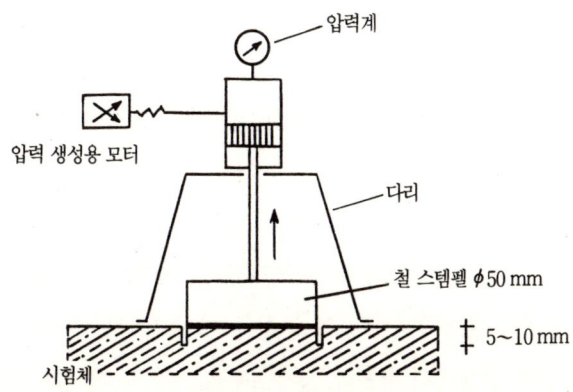

그림 2.1 접합 강도 시험 장치

그림 2.2 칼긋기 시험에 의한 콘크리트의 훼손과 강도의 측정

여 칼긋기 시험으로 이것을 대치하기도 한다(**그림 2.2** 참조). 강도가 낮은 또는 이미 열화된 콘크리트에 칼긋기 시험을 하였을 경우에는 일반적으로 깊은 파임 현상과 콘크리트 구성 재료의 용이한 탈락 현상을 관측할 수 있다.

## 2.4 형태 변화

압축 응력 $\sigma$에 의한 재료의 변형 상태를 평가하는 물리량의 하나로 이른바 "탄성 계수(또는 신축 모듈러스, E-Modulus, 영계수)"가 사용된다.

- Hooke의 법칙

$$\sigma = E \cdot \varepsilon \text{ 또는 } E = \tan\alpha = \sigma/\varepsilon (\varepsilon = \Delta l / l) \tag{4}$$

여기서, $l$ : 전체 길이

$\Delta l$ : 길이 변화

콘크리트에 작용하는 응력이 아직 작은 범위 내에서는 응력에 의한 콘크리트의 변형은 거의 비례적으로 증가하고, 그후 응력의 증가에 따라 기울기가 점차 감소하여 최대 응력에 도달한다. 이후 곡선은 급속한 하향의 경향을 나타내다가 순간적으로 파괴되는데, 이러한 하향의 기울기는 강도가 큰 콘크리트일수록 큰 경향을 나타낸다. 즉, 고강도 콘크리트일수록 또는 탄성 계수가 클수록 파괴가 급속히 발생하여 파편의 분산을 야기시키며, 저강도 콘크리트일수록 서서히 파괴되어 파편의 분산은 발생하지 않는다.

탄성 계수가 크다는 것은 같은 응력을 가할 때 변형량이 작다는 것을 의미하는데, 콘크리트의 탄성 계수는 재질이나 강도에 큰 영향을 받는 반면에 강재의 탄성 계수는 거의 일정한 값을 갖는다(약 200 000 N/mm²).

콘크리트의 일반적인 E-Modulus는 30 000 N/mm² 정도이고, 인공 합성 물질의 E-Modulus는 온도의 고저에 크게 영향을 받는다. 온도가 낮아짐에 따라 E-Modulus는 점차 커지며 온도가 높아짐에 따라 점차 작아져 약 30~50℃에서 거의 E-Modulus=0의 수치를 나타낸다. 즉, 외부로부터의 힘의 작용 없이도 형태의 변화가 생길 수 있는 것이다.

온도 그 자체의 변화 또한 거의 모든 물질의 길이 변화를 야기시킨다. 시멘트 콘크리트나 건축용의 철에 있어서 식 (4)에 열거한 $\alpha = 12 \cdot 10^{-6}/℃$에 이르며, 그것에 인공 재료가 첨부되었을 경우 열에 의한 길이 변화는 점차 증가한다. 순수 인공 재료, 예를 들면 PVC는 철보다 약 8배 큰 길이 변화를, 그리고 시멘트에 포함되어 있는 습기는 추가적으로 최고 2배까지의 길이 변화를 야기시킨다.

모르타르나 콘크리트에 있어서 수분의 증발(건조 현상)이나 수화 작용 또한 그 재료의 부피 감소를 동반한다(**7.1.3** 참조). 시멘트 모르타르에 있어서 약 1~2 mm/m, 그리고 콘크리트에 있어서 약 0.2~0.5 mm/m의 길이 변화가 단순히 건조 수축으로 인해 발생한다. 그러나 인공 합성 재료가 첨가된 모르타르에 있어서는 단지 노화 작용에 의한 수축 현상만이 주로 발생한다.

주어진 한 조건하에서 요인에 따른 콘크리트의 개략적인 길이 변화는 다음과 같다.

(주어진 조건)

전체 길이 : 1 m

온도 변화 : 30℃(30 K)

응력 : 15 N/mm²

(요인)　　　(길이 변화)

응력에 의한　　0.50 mm

온도에 의한　　0.36 mm

수축에 의한　　0.40 mm

습기에 의한　　0.40 mm

탄성 계수 이외에 응력에 따른 변형을 나타내는 또 다른 물리량의 하나로 이른바 "푸아송 비"를 들 수 있다. 축방향의 하중시 그 수직의 방향, 즉 횡방향에도 변형이 발생하는데, 축방향의 변형 $\varepsilon l$과 횡방향의 변형 $\varepsilon d$와의 비를 푸아송비라고 하며, 그 역수를 푸아송수라고 한다.

$$\text{푸아송비} = \frac{\varepsilon d}{\varepsilon l} \qquad \text{푸아송수} = \frac{\varepsilon l}{\varepsilon d} \tag{5}$$

한 예로 콘크리트의 푸아송비는 약 0.15~0.25 정도이며, 강의 푸아송비는 약 0.3 정도에 달한다.

## 2.5 방수성

시멘트는 경화와 수화 작용만을 위해 약 40%(중량 대비)의 물을 필요로 한다. 이 중에서 약 25%는 크리스털수(Crystal水)로, 약 15%는 겔수(Gel水)로 사용된다. 그러나 만일 "물시멘트비(중량 대비)"가 0.4보다 클 경우 그 시멘트는 여분의 물을 함유케 되는데, 이 여분의 물은 시멘트의 경화 후 건조와 동시에 시멘트석의 내부에 미세 기공(직경 1~10 $\mu$m)을 형성한다.

시멘트석의 내부에 형성된 미세 기공은 그 크기와 기공률에 따라서 콘크리트의 방수 성능에 큰 영향을 미치는데, 기공률이 약 20%(부피 대비) 이하일 경우 그 시멘트석은 ―균열이 존재하지 않은 조건하에서― 대부분 완전 방수의 성능을 갖게 되지만, 미세 기공률이 약 25%를 초과할 경우 시멘트석의 방수 성능은 점차 상실된다. 물시멘트비와 방수 성능과의 비례적 관계를 나타내는 한 예로, 염분 0.1%의 수용액은 W/C=0.65로 생성된 콘크리트의 내부까지 용이하게 침투하여 철근의 부식을 발생시키지만, W/C=0.55로 생성된 콘크리트에서는 철근의 부식이 거의 발생하지 않는다.

굵은 골재의 최대 치수, 부배합의 정도 이외에 기공률을 결정하는, 다시 말해 콘크리트의 방수 능력을 결정하는 또 하나의 중요한 요인으로 시멘트 수화의 숙성도를 들 수 있다. 예를 들면 "물시멘트비"가 0.4라고 할지라도, 즉 미세 기공을 형성할 수 있는 여분의 물이 존재하지 않는다고 하더라도, 수화 작용이 70% 밖에는 진행되지 않았을 경우 그 시멘트석은 높은 기공률, 즉 낮은 방수 성능을 갖게 된다. 따라서 시멘트석만으로 방수를 전담해야 할 경우에는 낮은 물시멘트비를 갖는 배합과 수화 100%를 이룰 수 있는 양생이 전제로 되어야만 한다.

건축 재료의 투수성 측정에 관한 시험 방법으로는 KS F 2451-1993(건축용 시멘트 방수

체 시험 방법)을 들 수 있다. 한쪽면만이 물과 접해 있는 시험체에서 물과 접한 면에 일정한 압력, 예를 들면 $0.1\,kg/cm^2$ 또는 $3\,kg/cm^2$를 약 1시간 동안 가한 후 시험 전의 시험체 무게와 시험 후의 시험체 무게와의 비율을 통해 이른바 "투수량"과 "투수비"를 구한다.

그러나 실제로 각 건축 부위는 서로 다른 압력하에 존재하는 경우가 대부분이다. 한 예로 지하 구조물, 특히 지하 수면 아래에 위치하는 구조물은 그 깊이에 따라 상이한 수압을 받게 된다. 따라서 상술한 시험 방법을 통한 건축 재료간의 투수성 비교는 일반성을 갖을 수 없는, 즉 규정된 한 조건하에서만 그 의미를 갖는다고 할 수 있다.

압력이 가해지지 않는, 즉 모세관 현상에 의한 흡수 시험을 통해서도 건축 재료의 방수적 성능을 어느 정도까지는 추정할 수 있다. 한쪽면 물과 접촉시 건축 재료의 기공 크기와 기공률에 따라 흡수량의 차이가 발생하는데, 단위 면적당 흡수되는 물의 양 $m(kg/m^2)$을 시간 $\sqrt{t}\,(h)$에 따라 표시할 경우 ─무기질 재료에 있어서─ 비례적 관계가 성립된다.

$$m = w \cdot \sqrt{t} \tag{6}$$

이때 비례 계수 w를 이른바 "흡수 계수"라고 하는데, w가 클수록 같은 시간에 많은 양의 물을 흡수함을 의미한다.

## 2.6 내화학성

화학 물질은 콘크리트의 부식(열화)에 직접적으로 가장 큰 영향을 미친다. 화학 물질이 콘크리트와 접촉하였거나 또는 그 내부로 침투하였을 경우에 콘크리트 자체의 구성 물질이 용해되거나(이른바 "용해 부식") 또는 시멘트 성분과 직접 화학 반응을 하여 염(Cl)의 생성 및 부피의 증가(이른바 "응력 부식"), 즉 콘크리트의 균열 및 파열을 초래한다. 따라서 콘크리트의 내화학성 향상을 위해 화학 물질의 종류 및 농도에 따라 그 영향 정도를 구분하고 그것에 따른 적절한 대책이 강구되어야 한다.

화학 물질의 종류와 농도에 따라 콘크리트에 작용하는 화학적 영향의 대소를 화학 물질이 물에 존재할 경우는 표 2.2와 같이, 화학 물질이 흙에 존재할 경우는 표 2.3과 같이 구분하며, 그 화학적 영향의 대소에 따라 표 2.4에 나타낸 콘크리트의 기본적 성질이 충족되어야만 화학 물질에 의한 부식(열화)을 사전에 방지할 수 있다.

표 2.2 화학 물질의 종류와 농도에 따른 물의 화학적 영향

| 화학 물질 | 화학적 영향 | | |
|---|---|---|---|
| | 약 | 강 | 매우 강 |
| 산의 pH | 6.5~5.5 | 5.5~4.5 | <4.5 |
| $CO_2$ (mg/$l$) | 15~30 | 30~60 | >60 |
| $NH_4^+$ (mg/$l$) | 15~30 | 30~60 | >60 |
| $Mg^{2+}$ (mg/$l$) | 100~300 | 300~1 500 | >1 500 |
| $SO_4^{2+}$ (mg/$l$) | 200~600 | 600~3 000 | >3 000 |

표 2.3 화학 물질의 종류와 농도에 따른 흙의 화학적 영향

| 화학 물질 | 화학적 영향 | |
|---|---|---|
| | 약 | 강 |
| 산(산도) | >20 | — |
| $SO_4^{2+}$ (mg/kg) | 2 000~5 000 | >5 000 |

표 2.4 화학적 영향에 따른 콘크리트의 대처 방안

| | 화학적 영향 | | |
|---|---|---|---|
| | 약 | 강 | 매우 강 |
| W/Z | <0.6 | <0.5 | <0.5 |
| 물의 침투 깊이(cm) | <0.5 | <0.3 | <0.3 |
| 철근 피복 두께(cm) | >3 | >4 | >4+표면 보호 |
| 시멘트와 골재 | 8 mm 골재에서 525 kg/m³ 콘크리트<br>16 mm 골재에서 450 kg/m³ 콘크리트<br>32 mm 골재에서 400 kg/m³ 콘크리트<br>63 mm 골재에서 300 kg/m³ 콘크리트 | | |
| 양생 | 결합 부분이 생기지 않도록 한번에 타설하며 최소 7일간 습기를 유지한다. | | |
| 시멘트의 종류 | 물(>400 mg $SO_4^{2-}$/$l$) 또는 흙(>3 000 mg $SO_4^{2-}$/kg)에 있어서 사용되는 시멘트는 내황산성을 가져야 한다. | | |

참고 : 매우 강한 화학적 영향에 노출된 콘크리트는 역청(Bitumen)이나 인조 재료를 통해 화학 물질과의 직접적인 접촉을 피해야 하며, 균열 발생을 대비해 신축 도료(최소 0.2 mm 신축 가능)를 사용해야 한다. 또한 기계적 영향을 고려해 도료의 두께가 결정되어야 한다.
예를 들면, 기계적 영향이 없을 경우 : 0.2 mm
　　　　　 기계적 영향이 약·중일 경우 : 1~3 mm
　　　　　 기계적 영향이 강할 경우 : >3 mm

참고로 콘크리트가 내화학성을 갖는 화학 물질, 즉 콘크리트에 영향을 미치는 화학 물질——영향 없음>약한 영향>상당한 영향>확실한 영향>심한 영향의 순으로——을 열거하면 다음과 같다.

- 무기산에 있어서

   ->Phosphorsaeure($H_3PO_4$)>Schwefelwassersaeure($H_2S$), Kohlensaeure($H_2CO_3$), Flusssaeure(HF)>Schwefelsaeure($H_2SO_4$), Schwefilgesaeure($H_2SO_3$)>Salzsaure(HCl), Salpetersaure($HNO_3$)

- 유기산에 있어서

   Oxalsaeure(수산), Weinsaeure(포도산)>Ameisensaeure(개미산), Humussaeure>Essigsaeure(초산), Gerbsaeure, Milchsaeure(젖산)>-$>$-

- 염에 있어서

   NaCl, KCl, Calciumchlorid($CaCl_2$), $NaNO_3$, $KNO_3$, Calciumnitrat($Ca(NO_3)_2$), Fluoride, Silikate, Carbonat>->Eisenchloride($FeCl_3$), Aluminiumchloride($AlCl_3$), Superphosphat($CaHPO_4$), Sulfide>$Na_2SO_4$, $K_2SO_4$, Calciumsulfat($CaSO_4$), Aluminiumsulfat($Al_2(SO_4)_3$), Ammoniumnitrat($NH_4NO_3$)>Ammonsulfat(($NH_4)_2SO_4$), Magnesiumsulfat($MgSO_4$), Eisensulfat($Fe_2(SO_4)_3$), Ammoniumchlorid($NH_4Cl$), Magnesiumchlorid($MgCl_2$)

- 유기 물질에 있어서

   Benzin, Dieseloil, Benzol>Teeroil>Phenole, Oliveroil, Leinoil>->-

## 2.7 습기와 이산화 탄소의 투과

건축 재료의 투습성 측정을 위한 가장 일반적인 방법은 상온하에서 염포화 용액을 이용하여 시험체의 양면에 상이한 습도를, 즉 압력차를 형성하고 그것에 따른 투습량을 측정하는 것이다 (참고 : KS 2607, DIN 52615). 이때 염포화 용액은 그 종류에 따라 염포화 용액의 윗부분에 일정한 공기 습도를 유지하는 특성을 갖고 있다. 예를 들면 20℃에서 $Mg(NO_3)_2 \cdot 6H_2O$ 포화 용액은 54%의 상대 습도를, NaCl 포화 용액은 75%의 상대 습도를, $BaCl_2$ 포화 용액은

91%의 상대 습도를 유지한다.

공기 중에서 습기(수증기)의 이동은 습기의 농도차에 기인한다. 이것을 수식화하면 다음과 같다.

$$\dot{m}_{H_2O, 공기} = D_{H_2O} \cdot \frac{dc}{dx} \tag{7}$$

여기서, $\dot{m}_{H_2O, 공기}$ : 시간당 공기를 투과하는 습기의 양($kg/(m^2 \cdot h)$)
  $D_{H_2O}$ : 습기 확산 계수($m^2 \cdot h$)
  c : 습기의 농도($kg/m^3$)
  x : 거리(m)

습기를 포함한 공기 또한 다음과 같은 이상 기체 방정식에 따른다고 간주하면

$$p = c \cdot R \cdot T \tag{8}$$

식 (7)은 ─ 식 (8)을 식 (7)에 대입하여 ─ 다음과 같이 변형된다.

$$\dot{m}_{H_2O, 공기} = \frac{D_{H_2O}}{R \cdot T} \cdot \frac{dp}{dx} = \delta \cdot \frac{dp}{dx} \tag{9}$$

즉, 습기의 확산은 압력의 차이 dp에 기인한다고 할 수 있는데, 이때 압력 p는 온도에 따라 상이한 값을 갖는 포화 압력 $p_{포화}$와 습도 $\varphi$를 고려하여 다음과 같이 산출한다.

$$p = \varphi \cdot p_{포화} \tag{10}$$

그러나 압력의 차이가 같다고 하더라도, 건축 재료에 있어서의 습기 투과 $\dot{m}_{재료}$는 공기에 있어서의 습기 투과 $\dot{m}_{공기}$보다 비용이하며, 이 둘의 비교값을

$$\mu_{H_2O} = \frac{\dot{m}_{공기}}{\dot{m}_{재료}} \tag{11}$$

습기 투과 저항 계수 $\mu_{H_2O}$라고 정의하면, 건축 재료를 투과하는 습기의 양은 ─ 식 (9)와 식 (11)로부터 ─ 다음과 같이 구해질 수 있다.

$$\dot{m}_{H_2O, 재료} = \frac{\delta}{\mu_{H_2O}} \cdot \frac{dp}{dx} \tag{12}$$

이때 구해진 $\mu_{H_2O}$가 클 경우에는 적은 양의 습기가, $\mu_{H_2O}$가 작을 경우에는 많은 양의 습기가 건축 재료를 통과함을 의미한다. 인공 합성 재료의 습기 투과 저항 계수 $\mu_{H_2O}$는 비교적 큰 편이지만, 수화 작용을 통해 형성된 무기질 건축 재료의 습기 투과 저항 계수 $\mu_{H_2O}$는 그것에 비

해 일반적으로 매우 작다.

상술한 습기 투과 현상의 수식화 방법과 동일하게 건축 재료에 있어서의 이산화 탄소 투과 현상—그러나 압력 p의 차이가 아닌 농도 c의 차이로 인한—을 수식화하면 다음과 같다.

$$\dot{m}_{CO_2, 재료} = \frac{D_{CO_2}}{\mu_{CO_2}} \cdot \frac{dc}{dx} \tag{13}$$

한 예로 몇몇 건축 재료의 습기와 이산화 탄소의 투과 저항 계수 $\mu$를 알아 보면 **표 2.5**와 같다.

표 2.5 건축 재료별 습기와 이산화 탄소의 투과 저항 계수

| 재료 | $\mu_{H_2O}$ | $\mu_{CO_2}$ |
|---|---|---|
| 콘크리트 강도 25 N/mm² | 30 | 150 |
| 강도 35 | 75 | 210 |
| 강도 45 | 150 | 260 |
| 시멘트 모르타르 | 20 | 200 |
| 칼크 모르타르 | 10 | 30 |
| 에폭시 | 30 000 | 5 000 000 |

그러나 서로 상이한 두께를 갖는 건축 재료간의 전체 투습 저항 능력을 상호 비교하기 위해서는 상술한 $\mu$ 대신 "투습 등가 공기층 두께" $s_d$(m)라는 용어가 사용되는데, 그것에 대한 정의는 다음과 같다.

$$s_d = \mu \cdot s \qquad s = \text{재료의 두께(m)} \tag{14}$$

만일 어떤 건축 재료의 $s_d$가 100 m라면, 이 건축 재료를 통과하는 습기의 양은 100 m 두께의 공기층을 통과하는 습기의 양과 같음을 의미한다.

상술한 습기 투과의 수식화 방법과는 상이한 방법으로, JIS A 1324에 기인하여 1996년 10월에 제정된 KS F 2607에 따른 건축 재료의 투습성 측정 방법 및 수식화 방법—투습 개념의 상호 비교를 위해—을 기술하면 다음과 같다.

우선 단위 시간당 건축 재료를 통과하는 투습량을 구하여 다음과 같이 투습의 특성을 수식화할 수 있다.

$$Z_p = \frac{|P_1 - P_2| \times A}{G} \tag{15}$$

$$W_p = \frac{1}{Z_p} \tag{16}$$

$$\mu' = W_p \times d \tag{17}$$

여기서, $Z_p$ : 투습 저항$((m^2 \cdot s \cdot Pa)/ng)$
   G : 투습량$(ng/s)$
   p : 공기의 수증기압$(Pa)$
   A : 시험체의 투습 면적$(m^2)$
   $W_p$ : 투습 계수$(ng/(m^2 \cdot s \cdot pa))$
   $\mu'$ : 투습률$(ng/(m^2 \cdot s \cdot Pa))$
   d : 시험체의 두께$(m)$

상술한 수식화 방법의 계속적인 전개를 위해, 먼저 식 (15)를 다음과 같이 변형하고,

$$G = \frac{|P_1 - P_2| \times A}{Z_p} \tag{18}$$

식 (18)에 식 (16)과 식 (17)을 대입하여 다음의 식을 구한다.

$$G = \mu' \cdot A \cdot \frac{|P_1 - P_2|}{d} \tag{19}$$

식 (19)로부터 다음과 같이 단위 면적당 투습률 G′가 유추될 수 있는데

$$G' = \frac{G}{A} \cdot \mu' \cdot \frac{|P_1 - P_2|}{d} = \mu' \cdot \frac{dp}{dx} \tag{20}$$

이때 단위 면적당 투습률 G′는 $ng/(m^2 \cdot s)$의 단위를 갖는다.

위의 식 (12)와 식 (20)의 비교하에 결론적으로 다음의 사항이 유추될 수 있다.

1) 습기 투과에 대한 개념의 이해는 식 (12)를 이용함이 더욱 용이하다
2) $\mu$가 $\mu'$보다 상수로서의 개념이 더욱 강하다
3) 식 (12)의 직접적인 1차원적 성격에 기인하여 식 (12)가 식 (20)보다 응용을 위한 계속적인 변형의 가능성이 높다

그것에 따라 이 책에서는 선술한 방법론, 즉 DIN 4108에 따른 습기 투과의 수식화 방법론을 채택하기로 한다.

# 3
# 콘크리트의 탄소화 측정과 평가

## 3.1 콘크리트의 탄소화

콘크리트의 내부로 확산된 공기 중의 이산화 탄소(일반적으로 약 0.03~0.5 Vol-%)는 콘크리트의 구성 물질인 소석회($Ca(OH)_2$)와 반응하여 비용해성의 석회석($CaCO_3$)을 형성케 한다. 그와 동시에 콘크리트의 원초적 알칼리성(pH=12)은 점차 낮아져 이론적 최종 수치로 pH=7에, 다시 말해 완전 중성화(또는 탄소화)되어 콘크리트가 갖고 있는 철 부식(녹슬음) 방지의 기능은 완전히 소멸하게 된다.

$$Ca(OH)_2 + CO_2 \rightarrow CaCO_3 + H_2O$$

건축 재료의 중성화 측정은 폭로 시험을 하는 것이 원칙이지만, 시간적 제약에 따라 중성화 인공 촉진 시험으로 이것을 대신하기도 한다. 항온(30~35℃)과 항습(50~70%)을 유지하는 기밀실에 공시체를 넣고, 이것에 일정 농도의 액화 탄산 가스나 이산화 탄소 가스를 주입하여 건축 재료의 중성화를 촉진시킨 후 비중성화 부위를 착색시켜 그것에 해당하는 중성화 정도, 즉 중성화 깊이를 측정한다.

$CO_2$에 의한 콘크리트의 중성화―콘크리트의 표면에서 내부로 점차 진행하는―속도는 우선 콘크리트 강도에 반비례한다. 이것은 콘크리트 강도 증가에 따른 기공률의 감소에 기인한다고 할 수 있는데, 예를 들면 강도 $25\,N/mm^2$를 갖는 콘크리트에 있어서 10년간 약 10 mm 깊이의 탄소화―초기에는 빠르게, 그후 점차 느리게―가 진행되는 반면, 강도 $45\,N/mm^2$를 갖는 콘크리트에 있어서는 그 절반에도 미치지 못하는 탄소화가 진행된다(**그림 3.1** 참조).

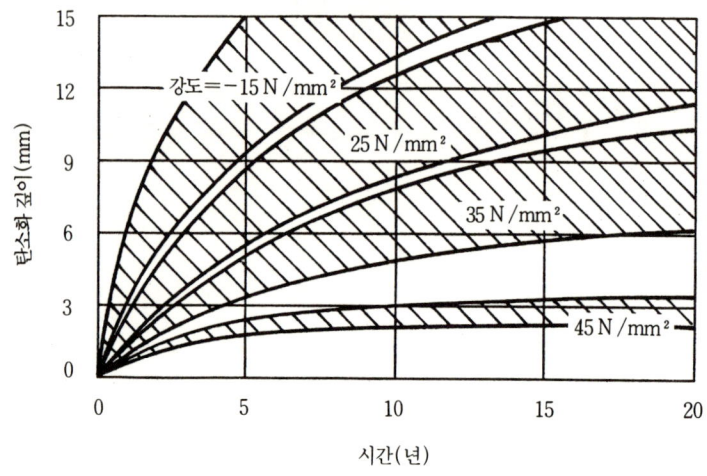

그림 3.1 시간과 콘크리트의 강도에 따른 탄소화 깊이

공기 중의 상대 습도와 그것에 상응하는 콘크리트의 함습량 또한 콘크리트의 중성화 속도에 커다란 영향을 미친다. 공기 중의 상대 습도가 50~70%일 경우에 가장 빠른 콘크리트의 중성화가 진행되고, 콘크리트가 물로 포화된 경우 또는 공기 중의 상대 습도가 30% 보다 작을 경우에는 콘크리트의 중성화가 거의 진행되지 않는다.

또한 콘크리트의 배합시 물시멘트비를 작게 하거나, AE제 또는 감수제 등을 혼합하거나, 조강 포틀랜드 시멘트를 사용할 경우에도 중성화 속도는 늦게 진행된다. 그러나 천연 경량 골재를 사용할 경우 콘크리트의 중성화 속도는 일반적으로 빠르게 진행된다.

콘크리트의 중성화에 따른, 즉 콘크리트의 중성화를 통한 부산물의 부피 증가로 인해 기공의 폐쇄 현상이 발생하는데, 이것은 또한 콘크리트의 중성화 속도를 늦추는 한 요인으로 작용한다. 콘크리트의 중성화는 기공수에 녹아 있는 소석회($Ca(OH)_2$) 보다 큰 부피(약 6%)를 갖는 탄소 결정체를 생성하는데, 그것에 따라 콘크리트 기공의 폐쇄―이른바 "콘크리트의 자정 현상"—와 이산화 탄소의 투과 저지가 이루어진다.

## 3.2 콘크리트의 탄소화 깊이 측정

한 용액의 "pH 수치" 측정을 위해, 즉 산도나 염도의 측정을 위해 일반적으로 지시 용액, 지시 종이, 전기 측정 기계 등이 주로 사용된다. 그러나 이미 경화된 콘크리트에는 "pH 수치" 측정을 위한 용액은 직접 존재하지 않으므로, 그것에 따라 지시 종이가 아닌 지시 용액을 이용한 pH 측정 방법이 가장 유용하게 쓰인다.

가장 광범위하게 사용되는 지시 용액은 에탄올에 0.1%로 희석한 무색의 페놀프탈레인 용액으로, 이 용액을 콘크리트 단면에 뿌렸을 경우 pH>8.2~9.8의 범위, 즉 비탄소화된 부분은 적보라색으로 착색된다. 이때 착색되는 부분과 착색되지 않은 부분과의 경계선까지를 이른바 "콘크리트의 탄소화 깊이"라고 정의한다.

그러나 이 용액은 $SO_2$에 의한 $CaCO_3$의 석고화시 pH>8.2 범위에서부터 착색되므로 콘크리트의 필요 알칼리성(pH>9.5)을 과대 평가할, 즉 콘크리트의 탄소화 깊이를 과소 평가할 우려가 있다. 따라서 좀더 정확한 탄소화 깊이의 측정을 위해, 즉 명확하고 경계가 분명한 착색

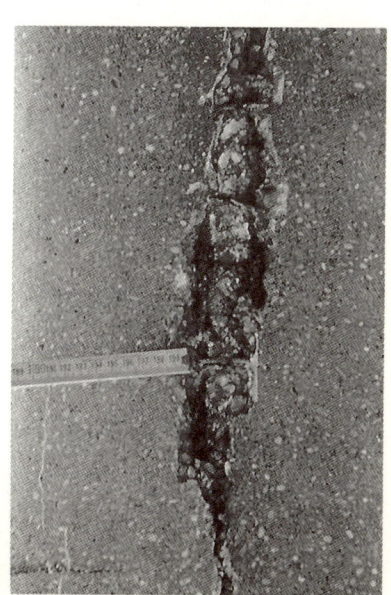

그림 3.2 콘크리트의 탄소화 깊이 측정

을 위해 상술한 페놀프탈레인 용액과 에탄올에 0.1%로 희석한 티몰프탈레인 용액을 1 : 1로 혼합한 지시 용액이 사용되기도 한다. 그외 콘크리트의 중성화 깊이 측정을 위한 방법으로 전기화학적 측정 방법, 시차열 중량 분석 방법, x선 회귀에 의한 측정 방법 등이 사용되기도 한다.

## 3.3 탄소화에 의한 부식 정도의 등급 결정

탄소화에 의한 부식의 정도와 보수 공사의 필요 여부에 따라 일반적으로 다음과 같이 탄소화에 의한 부식(열화)의 정도를 구분한다.

  탄소화 부식 등급 1 : 부식 없음, 보수 불필요
  탄소화 부식 등급 2 : 부식 없음, 예방적 보수 필요
  탄소화 부식 등급 3 : 부식 있음, 구조적 안전
  탄소화 부식 등급 4 : 심한 부식, 구조적 위험.

그러나 근본적인 보수가 필요치 않은 부식 등급 1 또는 2에 해당하는 건축물이라 할지라도 용도의 변경이나 부식의 계속적인 진행 등을 고려하여 일반적으로 매 5년마다 새로운 부식 등급 결정을 위한 조사가 이루어져야 한다.

상술한 탄소화 부식 등급의 결정을 위한 콘크리트의 탄소화 깊이와 콘크리트의 철근 피복 두께와의 상관성은 일반적으로 다음과 같다.

• **탄소화 부식 등급 1**

예측된 탄소화 깊이가 —예상된 건축물의 전체 수명 동안— 콘크리트의 철근 피복 두께보다 작을 경우 그 건축물을 부식 등급 1로, 그렇지 않을 경우 부식 등급 2로 판정한다.

시간에 따른 탄소화 진행 깊이는 일반적으로 다음과 같이 예측한다.

$$y = k \cdot \sqrt{N} \tag{21}$$

여기서, $k$ : 탄소화 계수  $k = y_0 / \sqrt{t_0}$ (mm/년$^{0.5}$)
    $N$ : 전체 건축물의 수명(년)
    $t_0$ : 조사 시기까지의 건축물의 재령(년)
    $y$ : 전체 건축물의 수명 $N$ 까지의 예측된 탄소화 깊이(mm)
    $y_0$ : 조사 시기까지의 탄소화 깊이(mm)

부식 등급 1에 해당하는 건축물에서 건축물의 오염을 사전에 방지할 수 있는 실록산(Siloxane系) 도료의 공사(발수 공사)는 예방적 차원에서 추천할 만한 가치는 있지만, 탄소화 진행의 지연을 위한 도료의 공사는 거의 불필요하다.

• 탄소화 부식 등급 2

조사 시기까지 이미 진행된 탄소화 깊이가 콘크리트의 철근 피복 두께보다는 아직 작지만, 건축물의 예측된 전체 수명을 고려할 때 탄소화 진행 깊이가 콘크리트의 철근 피복 두께를 능가할 경우 그 건축물을 부식 등급 2로 판정한다. 이러한 경우 탄소화 부식 방지를 위한 예방적 차원으로 탄소화 지연 도료(**그림 3.3** 참조)의 공사를 들 수 있다.

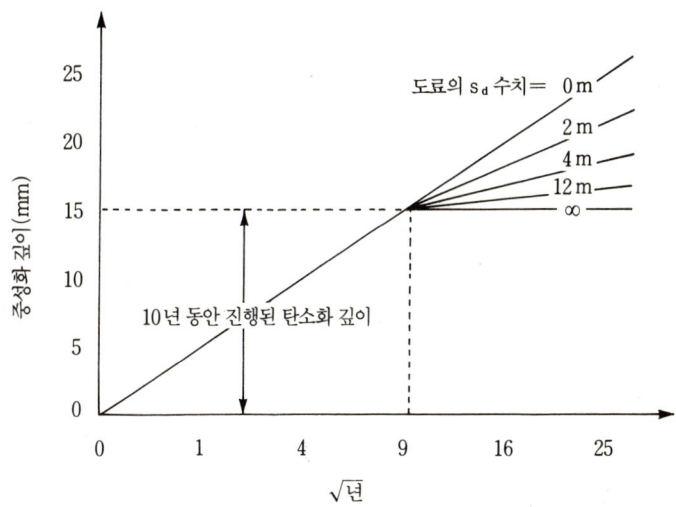

그림 3.3 중성화 방지를 위한 도료의 $s_d$ 수치에 따른 콘크리트(재령 10년)의 중성화 속도 변화

이때 적절한 도료의 공사 시기 산출은 도료의 소비를 줄일 수 있을 뿐만 아니라, 완전 보수 불가능한 상태로의 부식 진행을 사전에 예방할 수 있게 한다. 그 이상적인 보수 시기는 일반적으로 다음과 같이 산출한다.

$$t = \left( \frac{c}{k} - \frac{k}{\alpha} \right)^2 \tag{22}$$

여기서, $t$ : 이상적인 보수 시기(년)

$c$ : 콘크리트의 철근 피복 두께 $-2\,mm$(안전값)(mm)

$k$ : 탄소화 계수  $k = y_0 / \sqrt{t_0}\,(mm/년^{0.5})$

$y_0$ : 조사 시기까지의 탄소화 깊이(mm)

$t_0$ : 조사 시기까지의 건축물 재령(년)

$\alpha$ : = 8.2 (N = 100 (년) 인 경우)

$\alpha$ : = 10.3 (N = 80 (년) 인 경우)

$\alpha$ : = 16.5 (N = 50 (년) 인 경우)

N : 전체 건축물의 수명(년)

- **탄소화 부식 등급 3**

이미 진행된 탄소화 깊이가 콘크리트의 철근 피복 두께보다 부분적으로 크며, 즉 이미 탄소화된 콘크리트 내부에 철근이 위치하거나 콘크리트가 철근으로부터 박리되어 파손된 경우, 또는 그것으로 인해 철근이 외부 환경과 직접적인 접촉을 가질 경우에 해당하는 건축물을 부식 등급 3으로 판정한다.

이러한 경우 즉각적인 보수 공사가 필요함에도 불구하고 적시에 보수 공사가 이루어지지 않았을 경우 구조적 위험은 물론 상당한 보수 비용의 상승을 초래한다. 예를 들면 보수 공사가 적정 시기보다 2년 뒤에 이루어질 경우 그것에 해당하는 보수 비용은 적어도 2배 이상 상승하게 된다.

**그림 3.4 탄소화에 의한 철근 콘크리트의 훼손**

그림 3.5 불충분한 콘크리트의 철근 피복 두께에 의한 철근의 녹슬음과 그것에 따른 콘크리트의 파열

- **탄소화 부식 등급 4**

탄소화에 따른 철근 부식이 이미 시작되어 구조적 위험이 있는 경우, 또는 부식 등급 3에 해당하는 건축물이 2~3년 안에, 즉 적시에 보수되지 않았을 경우 그 건축물을 탄소화 부식 등급 4로 판정한다.

이 부식 등급에 속한 건축물은 즉각적인 보수가 이루어져야만 계속적인 부식, 더 나아가 건축물의 붕괴를 미리 방지할 수 있다. 그러나 보수 공사의 실시에 앞서 보수 공사의 타당성 판단이나 구조적 안전 대책의 마련이 우선적으로 이루어져야만 한다.

# 4
# 철근 콘크리트의 훼손과 부식

철근 콘크리트에 훼손이나 부식(열화)이 발생하면, 구조물의 강성 및 내력의 저하에 따라 변위 또는 변형 등이 발생하여 결과적으로 구조적 안전성이 손실된다.

철근 콘크리트의 훼손과 부식(열화)의 원인은 매우 다양하며, 그것에 따른 종류 또한 이루 헤아릴 수 없을 정도로 많다. 그러나 일반적으로 시각적 측면과 재료적 측면에서 대별할 수 있는데 그것에 해당하는 훼손의 주된 종류와 특징을 열거하면 다음과 같다.

## 4.1 시각적 훼손과 부식

### 4.1.1 명암의 차이와 색의 비균일

타설된 콘크리트의 경화 후, 거푸집의 제거 후에는 콘크리트 표면에 색의 비균일이나 명암의 차이가 발생하기도 한다. 이것은 크게 콘크리트의 배합 과정에서 발생하는 내적 요인과 콘크리트의 타설 과정에서 발생하는 외적 요인에서 그 원인을 찾을 수 있는데 이것을 열거하면 다음과 같다.

• 내적 요인

콘크리트 표면에 발생하는 명암의 차이나 색의 비균일은 주로 물시멘트비에 기인한다. 하나의 예로, 높은 물시멘트비로 배합된 콘크리트는 경화 후 높은 기공률을 갖게 되며 그것에 따라 콘크리트의 중성화(탄소화) 속도 증가, 즉 석회석($CaCO_3$) 생성 속도의 증가로 인해 주로 밝은 색(하얀색)의 콘크리트 표면이 생성된다.

또한 타설된 콘크리트의 물시멘트비가 부분적으로 다를 경우, 즉 콘크리트의 구성 재료가 균일하게 섞이지 않았을 경우에는 경화된 콘크리트의 표면에 밝은 색 ―물시멘트비가 높은 부분에서― 의 얼룩이 형성되기도 한다(**그림 4.1** 참조).

그림 4.1 높은 물시멘트비에 기인한 콘크리트 표면의 색의 비균일

• 외적 요인

콘크리트 표면에 색의 비균일을 가져오는 또 다른 요인으로 거푸집의 건조 상태를 들 수 있다. 햇빛 아래서 거의 완전히 건조된 거푸집을 사용하였을 경우 콘크리트 표면의 물시멘트비는 거푸집의 높은 흡수량에 따라 극도로 낮아져 주로 어두운 색의 콘크리트 표면이 생성된다(**그림 4.2** 참조).

그림 4.2 거푸집의 상이한 건조 상태에 따른 콘크리트 표면의 색의 비균일

또한 타설된 콘크리트의 기포 제거 및 균일한 충전을 위해 주로 진동기를 이용하는데, 장시간의 진동기 이용은 콘크리트 구성 재료간의 분리 현상을 유도하여 부분적으로 밀도 낮은 콘크리트를 형성, 즉 색의 비균일을 초래하기도 한다.

### 4.1.2 공동(空洞) 현상

공동 현상이란 콘크리트의 경화 후, 즉 거푸집을 제거한 후 콘크리트 표면에 육안으로 확인이 가능한 구멍들이 발생하는 현상으로 다음과 같은 경우에 주로 발생한다.
1) 거푸집의 밀실하지 못한 연결 부분을 통해 미세한 콘크리트의 구성 재료가 이미 경화 전에 유출되었을 경우(그림 4.3 참조)

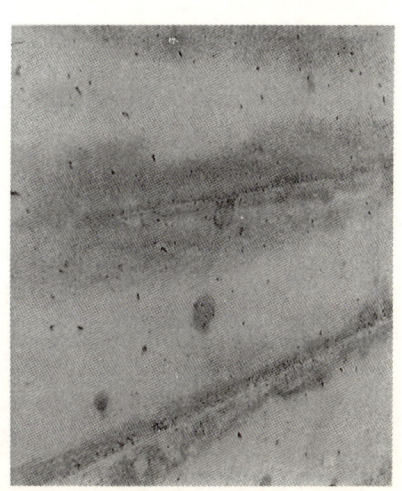

그림 4.3 미세한 콘크리트 구성 물질의 경화 전 유출에 의한 공동 현상

2) 과다한, 즉 너무 좁은 간격으로 철근이 배치되어 타설시 크기가 큰 골재는 통과하지 못하고 그것에 따라 콘크리트의 균일한 충전이 이루어지지 않았을 경우
3) 공기와 물의 투과를 완전 저지하는, 즉 완전 비흡수성, 비투기성의 거푸집을 사용하였을 경우(그림 4.4 참조)
4) 시멘트와 골재의 밀도 차이 등으로 인해 콘크리트의 구성 재료가 균일하게 분포되지 않았을 경우(그림 4.5 참조).

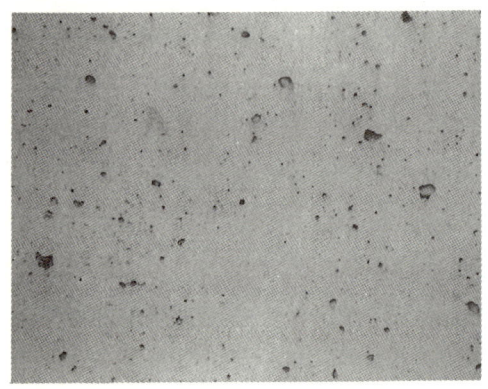

그림 4.4 콘크리트 표면의 공동 현상
(비흡수성의 거푸집을 이용)

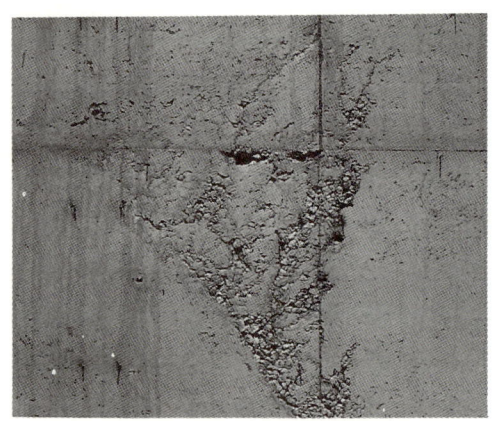

그림 4.5 재료의 분리

5) 너무 평평한 골재를 사용하여 타설된 콘크리트에 진동을 주었을 때 그 골재의 평평한 면과 거푸집면이 평행하게 그리고 인접하게 배치되어 콘크리트의 경화 후 풍화 작용에 의해 골재의 이탈이 일어날 경우(그림 4.6 참조)

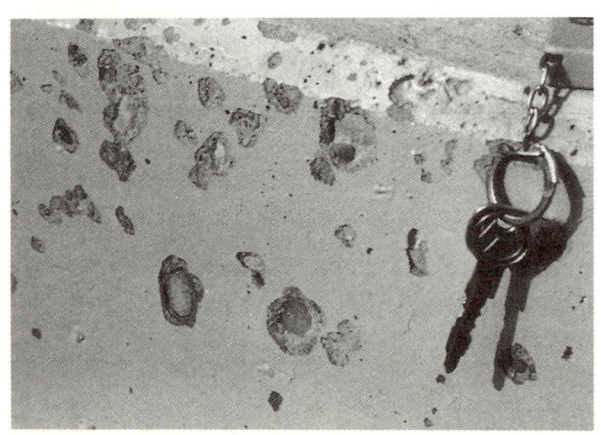

그림 4.6 평평한 골재의 이탈

### 4.1.3 백화 현상(칼크의 이탈)

백화 현상이란 기공수에 녹아 있는 여분의 수산화 칼슘($(Ca(OH)_2$)이 콘크리트의 표면으로 유출, 적체된 후 공기 중의 이산화 탄소와 반응하여 하얀색의 비용해성 석회석($CaCO_3$)으로 변하는 현상으로 다음과 같은 경우에 용이하게 일어난다(그림 4.7, 4.8, 4.9, 4.10 참조).
1) 시멘트의 수화 작용이 충분히 이루어지지 않을 경우
2) 온도가 낮아 수화 작용이 천천이 이루어질 경우
3) 외부로부터 물 ―비나 결로 등을 통해― 의 직접적인 작용이 있을 경우

그림 4.7 백화 현상에 의한 콘크리트의 훼손

그림 4.8 백화 현상에 의한 콘크리트의 훼손

그림 4.9 백화 현상에 의한 콘크리트의 훼손

그림 4.10 콘크리트 표면의 백화 현상(거푸집 제거 후)

4) 거푸집 또는 거푸집 분리 물질에 의한 수화 작용의 방해가 있을 경우

유출된 칼크, 즉 백화 발생은 그 정도에 따라 기계적(발사 공법이나 철솔질을 통해) 또는 화

학적(개미산 5~15%를 이용해) 방법으로 제거할 수 있는데, 화학 물질을 통한 칼크의 제거 후 잔여 화학 물질의 완전한 세척은 —주로 물을 이용하여— 그 화학 물질을 통한 콘크리트의 부차적인 부식을 방지할 수 있게 한다.

### 4.1.4 거푸집 분리 물질에 의한 오염

타설된 콘크리트의 경화 후 거푸집의 용이한 분리를 위해 미리 거푸집의 표면에 다음과 같은 물질을 칠한다.
1) 거푸집 분리 물질(비유화성 Mineral oil 또는 Bitumen(역청) 함유)
2) 거푸집 분리 물질(왁스 또는 파라핀 함유)

그러나 그 양이 너무 많다든지 균일하게 칠해지지 않았다든지 또는 먼지 등으로 인해 사전에 오염되었을 경우에는 경화된 콘크리트 표면에 거푸집 분리 물질의 잔여, 콘크리트 색의 비균일, 표면의 이형 또는 얼룩 등이 나타나게 된다. 또한 이러한 거푸집 분리 물질이 계속 잔여할 경우에는 용이한 도료의 공사가 불가능하게 된다(**그림 4.11, 4.12** 참조).

그림 4.11 거푸집 분리 물질의 오용에 따른 콘크리트 표면의 변색

그림 4.12 거푸집 분리 물질의 오용에 따른 콘크리트 표면의 변색

거푸집 분리 물질의 잔여 여부를 눈으로 확인하기 어려울 경우에는 의심 부위에 물을 뿌려 보기도 하는데, 물이 흡수되지 않을 경우에는 아직도 콘크리트 표면에 거푸집 분리 물질이 남아 있는 것으로 간주한다.

남아 있는 거푸집 분리 물질의 제거를 위해 기계적 공법과 화학적 공법이 주로 사용되는데, 모래를 강한 압력으로 쏘거나(발사 공법) 유리 수세미로 직접 갈아 내어 잔여 물질을 근본적으로 제거한다. 또한 분리 물질이 비유화성 Mineral oil 또는 Bitumen(역청) 등을 함유한 경우에는 탈유제(脫油劑)의 희석액——Butylacetat, Aethylacetat, Methylisobutylketon, Methylaethylketon 등에 희석——으로 세척하며, 분리 물질이 왁스 또는 파라핀 등을 함유한 경우에는 다음과 같은 배합비로 만들어지는 규산염 거품이나 개미산염 거품으로 잔여 물질을 용해시킨 후 물로 세척한다.

그림 4.13 잔여 거푸집 분리 물질의 제거

- 불규산염(弗珪酸鹽) 거품 세척

불수소화 규산(Kieselfluorwasserstoffsaeure) : 물 : 합성 세제(synthetische Waschmittel)=1 : 4 : 0.5(질량 대비)를 거품이 날 때까지 잘 섞는다.

- 개미산염 거품 세척

물 : 개미산 : 합성 세제 (synthetische Waschmittel)=100 : 3.5 : 0.5(질량 대비)를 거품이 날 때까지 잘 섞는다.

### 4.1.5 녹 자국에 의한 오염

녹(일반적으로 pH<9.5)의 형성은 일단 철근의 부식으로 이해될 수 있다. 예를 들면 콘크리트의 철근 피복 두께가 불충분할 경우에 공기 중의 산성 물질을 함유한 빗물이 콘크리트 내부에 위치한 철근까지 용이하게 침투함에 따라 철근이 녹슬기 시작하고, 형성된 녹은 점차 콘크리트 표면으로 흘러 나와 녹 자국을 형성한다.

콘크리트 표면에 형성된 녹 자국의 제거를 위해 주로 기계적 공법(예를 들면 철솔질 또는 발사 공법)과 화학적 공법이 이용되는데, 기계적 공법은 콘크리트 표면에 공사의 자국을 남기지만 화학적 공법은 공사의 자국을 거의 남기지 않는다. 그러나 사용된 화학 물질에 의한 부차적인 부식 방지를 위해서는 공사 후 철저한 세척 공사가 이루어져야만 한다.

화학적 공법에 주로 쓰이는 화학 물질로는 인산(Phosphorsaeure)을 흡수력이 강한 고령토(Kaolin)에 약 1 : 0.84(중량 대비)의 비율로 섞어 만든 풀이 주로 사용되는데, 이 풀을 녹이 형성된 부분에 발라서 녹을 흡수하도록 한다. 녹 자국의 제거에 쓰이는 또 하나의 화학 물질로 Natrium(Zitron산 함유)을 물에 1 : 6(질량 대비)으로 희석한 용액을 들 수 있다. 우선 이 용액을 5~10분 간격으로 녹이 형성된 부위에 충분히 스며들도록 바른 후 그 위에 $Na_2S_2O_4$를 뿌리고 다시 그 위에 탄산 칼슘을 발라 녹을 흡수하도록 한다.

### 4.1.6 기타 물질에 의한 오염

- 타르의 제거

예로 지붕의 방수 공사 중 다른 부분으로 튀거나 흘러내린 타르는 유화성의 용매(溶媒)를 이용하여 제거한다.

- **Asphalt와 Bitumen의 제거**

Bitumen이 이미 콘크리트의 내부 깊숙히까지 스며든 경우에 용매만을 이용한 제거는 비용 이하므로, 그것에 따라 기계적 공법을 수반한 Bitumen의 제거가 선행되어야 한다.

석유 Bitumen은 주로 얼음 —건조 얼음보다는 일반 얼음으로— 을 통해 냉각시킨 후 정이나 끌로 긁어 낸다.

- **Mineral oil의 제거**

콘크리트에 아직 깊숙히 스며들지 않은 Mineral oil은 석회 가루나 시멘트 가루를 발라 제거한다. 만일 Mineral oil이 이미 콘크리트의 내부 깊숙히까지 스며든 경우에는 강한 비누 용액이나 Trinatriumphosphat 용액으로 처리한 후 다음과 같은 배합비로 만들어진 풀을 발라 제거한다(그후 물 세척 필요).

① Toluol 또는 Xylol : 고령토 또는 Kalk=1 : 3(질량 대비)

② Benzol : Kalk 또는 Talk=0.88 : 0.84(질량 대비)

창고나 주차장이 Mineral oil로 오염되었을 경우 Trinatriumphosphat와 Soda를 1 : 2(질량 대비)로 섞어 뿌린 후 문질러 닦아 낸다(그후 물 세척 필요).

- **식물성 또는 동물성 기름의 제거**

콘크리트에 아직 스며들지 않은 기름은 Kalk 가루나 시멘트 가루를 발라 흡수시킨다. 기름의 얼룩은 다음과 같은 배합비로 만들어진 풀을 발라 제거한 후 물로 세척한다.

Trinatriumphosphat : Natriumperborat : Kalk 가루나 고령토=1 : 1 : 3(질량 대비)

- **잉크 얼룩의 제거**

수산(5~10%), 인산(10~15%), Zitron산(10%) 등을 뿌린 후 솔질을 하여 제거한다.

- **기름 그을음의 제거**

물에 희석된 Benzol(독성에 주의)을 사용하여 제거한다.

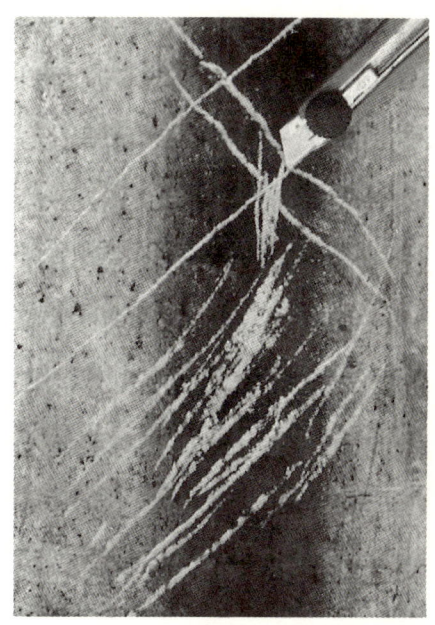

그림 4.14 빗물에 의한 콘크리트 표면의 오염

## 4.2 재료적 훼손과 부식

### 4.2.1 시멘트석의 파열

시멘트석의 파열은 여러 가지 원인에 기인한다. 또한 그들 원인이 상호적으로 그리고 복합적으로 작용함을 감안한다면 시멘트석 파열의 정확한 원인을 파악하는 것은 그리 용이하지 않다. 그러나 시멘트석 파열의 주된 원인은 크게 두 가지 범주에서, 즉 용해 부식과 응력 부식의 측면으로 나누어 해석 가능한데, 그것에 속하는 세부적인 원인은 다음과 같다.

- 용해 부식

산에 의한 시멘트석 구성 물질의 용해, 그리고 그것에 따른 염(가용해성)의 생성과 시멘트석의 부식 정도는 우선 산의 세기와 농도에 기인한다. 예로 강산의 하나인 HCl에 의한 수용성 염의 생성은 다음과 같으며

$$3CaO \cdot 2SiO_2 \cdot 3H_2O + 6HCl \rightarrow 3CaCl_2 + 2SiO_2 + 6H_2O$$

탄산에 의한 염의 생성은 다음과 같다.

$$CaCO_3 \qquad\qquad +H_2O+CO_2 \rightarrow Ca(HCO_3)_2$$

(난용해성 : 18℃에서 13 mg/$l$)      (가용해성 : 18℃에서 1 890 mg/$l$)

• 응력 부식

철근의 녹슬음은 그것에 따른 부산물의 부피 증가와 응력을 수반하여 철근으로부터의 콘크리트 박리, 더 나아가 콘크리트의 파열을 야기시킨다.

$$2Fe+1\frac{1}{2}O_2+H_2O \rightarrow 2FeOOH$$

1Vol. −      2.5 Vol. −

부피 증가를 통한 콘크리트의 파열을 야기시키는 또 하나의 주원인으로 콘크리트에 존재하는 물의 결빙을 들 수 있다. 그러나 이것은 콘크리트가 일정 강도 이상 ─예를 들면 강도＞25 N/mm²─ 을 유지하고 있을 경우에는 주어진 환경에 따라 무시될 수도 있다.

그러나 예외적인 환경의 하나로, 겨울철 산간 지역의 고속 도로에 뿌려지는 해빙 물질은 일반적인 환경의 영향과는 달리 심한 콘크리트의 파열 ─화학적 부식과 한랭 쇼크를 통해─ 을 야기시키므로, 강도 높은 콘크리트＞35 N/mm²나 기공률이 높은 콘크리트를 사용하여 이를 방지해야 한다.

또한 Opalsandstone이나 Flintstone 등은 알칼리에 용해되는 규산염을 함유하고 있어 이것을 골재로 사용할 경우 기공수에 녹아 있는 알칼리와 반응하여 골재나 시멘트석의 박리 또는 파열을 야기시키기도 한다.

콘크리트의 중성화와 함께 콘크리트의 파열을 야기시키는 또 다른 주된 요인으로 공기 중의 황산 가스를 들 수 있다. 거의 모든 연소 가스는 $SO_2$를 함유하고 있는데, 이것은 공기 중의 부유 물질과 오존의 촉매 작용을 통해 쉽게 $SO_3$로 산화하고 또한 공기 중의 물과 반응하여 황산($H_2SO_4$)으로 변한다.

콘크리트의 내부로 점차 확산되는 황산은 콘크리트에 아직 존재하는 석회 또는 수산화 칼슘($Ca(OH)_2$)과 반응하여 콘크리트를 중성화시키는데 이러한 반응을 통해 석고($CaSO_4 \cdot H_2O$)가 생성된다. 또한 황산은 이미 탄소화된 석회석($CaCO_3$)과도 반응하여 부피의 증가, 즉 응력을 형성하는 석고 결정체($CaSO_4$)를 생성하기도 한다.

부피 증가를 통한 콘크리트의 훼손을 가져오는 또 다른 하나의 현상으로 황산의 복염화(復鹽化)를 들 수 있다. 즉, 시멘트에 함유되어 있는 석회·산화 알루미늄 성분과 반응하여 수분을 많이 포함하는, 즉 부피의 증가를 초래하여 콘크리트의 미세 구조를 파괴시킬 수 있는 하나의 복염(Kalzium-Aluminiumsulfathydrate)이 형성되기도 한다.

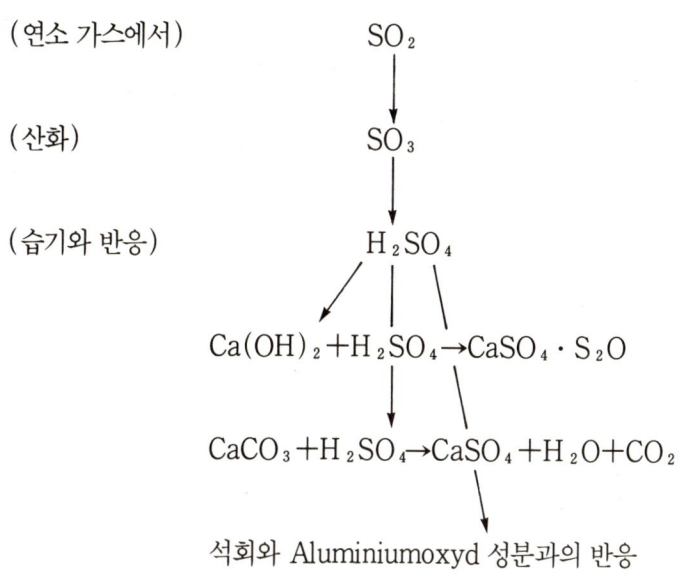

(황산을 통한 콘크리트의 화학적 부식)

상술한 바와 같은 외부로부터의 영향이 아닌, 즉 시멘트 성분 자체에 의한 직접적인 응력이 발생하기도 하는데 다음과 같다.

$$CaO + H_2O \rightarrow Ca(OH)_2 \qquad MgO + H_2O \rightarrow Mg(OH)_2$$
$$1 \text{ Vol.} - \quad 1.7 \text{ Vol.} - \qquad 1 \text{ Vol.} - \quad 2.2 \text{ Vol.} -$$

그것에 따라 시멘트의 생성 과정에서 칼크(CaO)와 산화 마그네슘(MgO)의 최대 허용 함량—CaO : 2%(질량 대비), MgO : 5%(질량 대비)—이 정해지며, 만일 지정된 최대 허용 함량을 초과할 경우에는 부피 팽창에 의한, 즉 응력 발생에 의한 시멘트석의 훼손이 발생한다.

### 4.2.2 모래의 이탈

콘크리트의 표면이 심한 폭우 등에 장기간 노출된 경우에는 우선 시멘트석이 풍화되어 하얀 색의 분말 형태로 콘크리트의 표면에 적체된다. 그후 모래와 골재 또한 그 결합력을 점차 상실해 콘크리트의 본체로부터 이탈(탈락)되기 시작한다.

모래가 이탈되어 콘크리트 표면의 강도가 저하된 경우에는 모래 이탈의 깊이와 복구되어야 하는 콘크리트의 강도에 따라 **표 4.1**과 같은 도료를 침투시키거나 모르타르를 이용해 약해진 콘크리트 조직의 결합 능력을 향상시켜야 한다.

표 4.1 모래의 이탈에 따른 콘크리트의 보수

| 배합비 종류 | 배합비(부피 대비) | | | |
|---|---|---|---|---|
| | 시멘트 | 모래 | 수지 | 물 |
| A | | | 1 | 3 |
| | 배합비 종류 A에 따른 공사 후, 아직도 원하는 강도에 미치지 못할 경우 배합비 B를 갖는 도료를 그 위에 칠한다 | | | |
| B | | | 1 | 2 |
| | 배합비 종류 B에 따른 공사 후, 아직도 원하는 강도에 미치지 못할 경우 배합비 C를 갖는 도료를 그 위에 칠한다 | | | |
| C | | | 1 | 1 |
| | 모래의 이탈 정도가 심할 경우 수지를 포함한 인조 개량 시멘트를 사용하는데, 일반적인 배합비는 D와 같다 | | | |
| D | 1 | 1(<0.25 mm) | 0.3 | 0.6 |
| | 모래의 이탈 현상이 내부 깊숙히까지, 예를 들면 8 mm까지 진행되었을 경우 배합비 E를 갖는, 즉 모래의 크기와 양이 다소 증가한 인조 개량 시멘트를 사용한다. | | | |
| E | 1 | 2(<4 mm) | 0.3 | 0.6 |
| | 0~0.25 mm : 10% | | | |

상술한 모르타르를 배합할 경우 사용되는 천연 모래는 될 수 있는 한 내알칼리성을 갖고 있어야 하며, 해로운 유기 불순물(주로 푸민산과 탄닌산)과 염화물(<0.04%)을 함유하지 말아야 하는데, 그것을 위한 시험 방법은 KS F 2510과 KS F 2515에 규정되어 있다.

골재의 유기 불순물 시험 방법은 일종의 착색 시험이라고 할 수 있는데, 표준액의 색과 시험액의 색을 상호 비교하여 유기 불순물의 존재 여부를 확인하는 방법이며, 염화물 함유량 시험 방법은 표준액에 소요되는 화학품의 양과 시험액에 소요되는 화학품의 양을 상호 비교 분석하여 이루어진다.

### 4.2.3 철근의 부식

철이란 Fe를 주성분으로 하여 이것에 소량의 탄소(C), 망간(Mn), 규소(Si) 및 인(P)이나 황(S) 등이 혼합되어 구성된다. 이 중에서 탄소는 철의 강도를 좌우하는 주요 성분으로, 용도에 따라 그 함량을 인공적으로 적당히 조절하여 사용하기도 한다.

자연 상태에서의 철은 안정된 상태의 이른바 "철광석"으로 존재하는데 이것에 인공적인 화학적 조작을 거쳐, 즉 불안정한 상태의 철강재가 만들어진다. 따라서 부식의 가능성은 언제나 존재한다고 할 수 있으며, 콘크리트 내부의 철근이 부식하면 단면 손실과 콘크리트 박리 그리고 그것에 따른 강도 저하 등이 발생한다. 따라서 부식 원인 및 부식 메커니즘의 우선적 이해가 필요하게 되는데, 이것은 철근 콘크리트의 내구성 향상을 위한 대책을 세우는 데 있어서 기본이 된다.

콘크리트의 내부에 존재하는 철근의 부식(녹)은 일반적으로 아래와 같은 환경하에서 주로 발생하며 그것에 해당하는 부식 메커니즘을 설명하면 다음과 같다.

**가. 철 표면의 수동성 상실**

철의 산화(녹슬음)는 하나의 열 역학 법칙 —높은 에너지 상태에서 낮은 에너지 상태로—

그림 4.15 철의 부식(녹)에 의한 콘크리트의 파열

으로 이해할 수 있다. 생성된 산화물이 용해성을 갖는 경우 그 산화 작용은 계속 진행되지만, 콘크리트 기공수의 pH 수치가 ≧9.5일 경우 철의 표면에는 부식되기 어려운 하나의 견고한 보호 피막 —이른바 "산화/수산화층" 또는 "부동태 피막"— 이 형성되어 철 이온의 이동, 즉 녹슬음(산화철의 생성)을 방지하게 된다. 이러한 현상을 이른바 "철 표면의 수동성"이라고 한다.

부동태 피막의 생성 과정은 철 표면에의 화학적 산소 흡착에 따른 두께 약 3 mm 정도의 치밀한 층이 형성되는 것으로 설명 가능하나,

a) 기공수의 알칼리성이 —예를 들면 밀실하지 않은 콘크리트에서의 콘크리트 중성화를 통해— 낮아질 경우 ; 콘크리트의 원초적 알칼리성은 염분, 특히 $CO_2$의 침투에 의해 점차 상실된다(2.2 참조). 이것에 따라 콘크리트의 밀실성(또는 강도) 확보를 통한 유해물의 침투 억제와 부산물의 부피 팽창에 대한 저항성 향상의 중요성이 대두되는데, 이것은 우선적으로 W/C의 감소에 의해, 즉 기공률의 저하를 통해 달성될 수 있는 것이다.

b) 특별한 이온 —예를 들면 $Cl^-$— 이 일정 농도 이상으로 존재할 경우 ; 허용 $Cl^-$의 양에 관해서는 2가지 측면, 즉 시멘트 중량 대비와 콘크리트 부피 대비의 측면에서 접근 가능하다. 그러나 단위 시멘트량을 크게 할 경우 단위 콘크리트에 포함되는 허용 $Cl^-$의 양도 점차 증가하기 때문에 콘크리트의 단위 부피에 따른 염화물 함량의 고찰이 더욱 이상적이라고 할 수 있다. 「해사를 사용한 콘크리트의 염해 및 방청 대책, 한국 레미콘 공업 협회, 1993」에 따르면 $Cl^-$의 영향이 나타나는 한계값은 약 $1.2~2.5\ kg/m^3$인데, 이것을 시멘트 중량 대비로 환산하면 각각 0.3%, 0.6%에 해당한다. 그러나 이것은 단지 실험실 환경 아래, 즉 외부의 직접적인 환경 요소를 고려하지 않은 상황에서의 수치이므로, 기준값의 설정시 상술한 값보다 훨씬 작게 고려되어야 할 것이다.

c) 콘크리트의 철근 피복 두께가 불충분하거나 콘크리트에 균열(넓이>0.2 mm)이 발생하여 콘크리트의 탄소화가 철근의 근처까지 진행될 경우 ; 균열의 발생은 염분이나 $CO_2$가 강재까지 쉽게 침투할 수 있도록 한다. 물론 콘크리트의 W/C가 클 경우에는 밀실성의 감소에 기인하여 균열의 크기나 균열의 발생에 대한 특별한 의미는 없지만, W/C(<0.6)가 작을 경우에는 부식 제어를 위한 한계 균열 폭이 약 0.1~0.2 mm에 달한다.

피복 두께의 증가는 철근까지 침투하는 유해물량의 감소, 부식량의 저하, 즉 부식 방지의 성능을 향상시킨다. 그러나 철근의 직경 증가는 오히려 콘크리트의 건조 수축을 구속하

기 때문에 미세한 균열이 발생할 가능성은 점차 높아진다. 따라서 철근 직경을 고려한 피복 두께가 결정되어야 하는데, 피복과 철근과의 비가 약 2.5~3.0에 달할 때 가장 효과가 있는 것으로 판단된다(참고 : 「해사를 사용한 콘크리트의 염해 및 방청 대책, 한국 레미콘 공업 협회, 1993」).

d) 콘크리트의 내부 기공이 물로 채워져 있어 그것에 따라 염소 이온이 급속히 콘크리트의 내부로 이동될 경우 ; 일상적인 습도하에서 콘크리트에 생성되는 함습량은 다른 건축 재료와 비교할 때 매우 미미한 양이다. 그러나 비등에 의해 콘크리트 기공이 포수 상태가 되면 강한 수용성을 갖는 염소 이온이 쉽게 침투할 수 있게 된다.

상술한 철 표면의 수동성은 부분적 또는 전체적으로 파손된다(**그림 4.16** 참조).

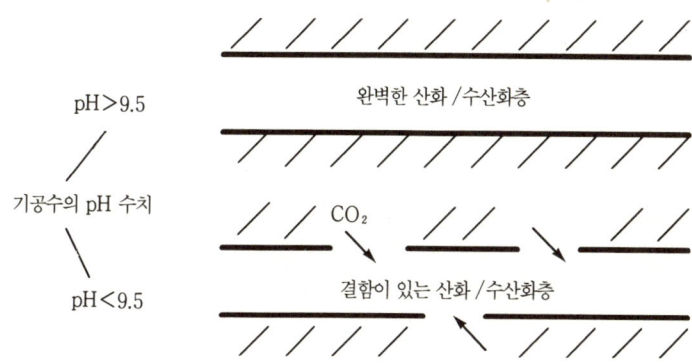

그림 4.16 콘크리트 기공수의 낮은 pH 수치와 부동태 피막의 파괴

상술한 산화/수산화층의 파괴 요소 중에서 a), c), d)는 일종의 사후적 요소로 발생시 용이한 조치가 가능한 반면, 파괴 요소 b)는 콘크리트 배합시 그 구성 요소와 직접적인 관계를 갖고 있어 사전적 조치가 필요하다. 즉, 콘크리트 각 구성 요소에 대한 염화물 함량의 제한이 있어야 하는데, 예를 들면 ACI 318에 따른 최대 허용 염화물 함량(질량 대비)은 **표 4.2**와 같으며, 골재 이외의 재료, 즉 시멘트와 물에 함유된 염소 이온량을 고려한 일본의 염화물 함량에 대한 규제는 **표 4.3**과 같으며, 한국의 KS F 4009에 따른 염화물 함량 규제는 **표 4.4**와 같다. 이때 염소 이온의 시멘트 수화물에의 고정(후리델염 생성)을 고려하여 비용해성 염화물과 철근의 부식을 초래하지 않는 염화물은 여기서 제외될 수 있다.

그러나 만일 상술한 최대 염화물 함량을 초과할 경우에는 일반적으로 다음과 같은 직접적인 방법으로 골재의 염분 함량을 낮추거나

표 4.2 콘크리트 구성 재료에 따른 최대 허용 염화물 함량(ACI 318)

| 콘크리트 | 시멘트의 양에 대한 Cl(%) | 콘크리트 중의 염분 | | 잔골재에 대한 NaCl(g/m³) |
|---|---|---|---|---|
| | | Cl(g/m³) | NaCl(g/m³) | |
| 프리스트레스트 콘크리트 | 0.06 | 180 | 297 | 0.037 |
| 염분 환경하의 철근 콘크리트 | 0.15 | 450 | 742 | 0.093 |
| 건조 환경하, 물로부터 보호된 콘크리트 | 1.00 | 3 000 | 4 950 | 0.619 |
| 그외의 콘크리트 | 0.30 | 900 | 1 485 | 0.186 |

표 4.3 일본의 염화물 함량 규제

| | 모래 (NaCl) | 콘크리트 (Cl) |
|---|---|---|
| 1 | 0.04% | 0.3 kg/m³ |
| 2 | 0.1% | 0.6 kg/m³ |

표 4.4 한국의 염화물 함량 규제

| 재료 | 천연 골재(잔골재)는 염분의 한도가 0.04%이어야 하고, 0.04%를 초과하는 것에 대해서는 발주자의 승인에 따르고 그 한도는 0.1% 이하를 원칙으로 한다. |
|---|---|
| 품질 | 염화물 함량은 콘크리트 출하 지점에서 염소 이온 0.3 kg/m³ 이하로 하고, 구입자의 승인을 얻은 경우 0.6 kg/m³ 이하로 할 수 있다. |

① 자연 강우를 이용하거나 제염 공장에서 직접 세척한다.
② 제염제를 혼합하거나 하천 모래를 섞는다.

또는 다음과 같은 간접적인 방법으로 철근의 부식 방지를 통해 염화물에 의한 피해를 사전에 방지해야 한다.

① 콘크리트에 방청제를 혼합한다.
② 물시멘트비를 낮춰 밀실한 콘크리트를 만든다.
③ 내구성 철근을 사용하거나 철근을 수지 도포 또는 아연 도금한다.
④ 철근의 직경을 고려하여 콘크리트의 철근 피복 두께를 증가시킨다.
⑤ 수지계 도료나 타일 등을 통해 수밀한 표면 마감 처리를 한다.

나. 전해 물질의 존재

전해 물질이란 물에 용해되어 유전체의 역할을 하는 산이나 염 등의 물질 또는 물 그 자체를 말하기도 한다. 전해 물질의 농도차, 온도차 또는 기존의 녹 등으로 인해 전위의 차이, 즉 양극과 음극이 형성되는데 이것에 따라 이온의 이동—예를 들면 양극에서 방출된 철 이온은 전해 물질을 통해 음극으로—과 함께 철은 부식되기 시작한다(전기 화학적 부식)(**그림 4.17** 참조).

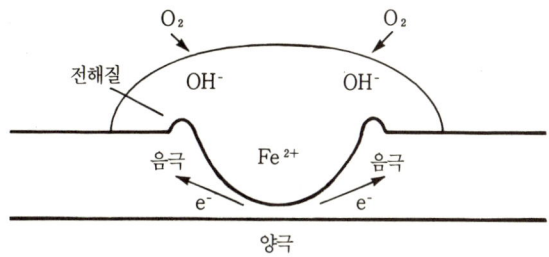

**그림 4.17 철의 전기 화학적 부식 현상**

양극에서의 반응 : $Fe \rightarrow Fe^{2+} + 2e^-$
(산화 반응)        $Fe^{2+} + 2OH^- \rightarrow Fe(OH)_2$ (1차 단계)
                 $Fe(OH)_2 + O_2 \rightarrow Fe_2O_3 \cdot H_2O$ (2차 단계)

음극에서의 반응 : $O_2 + 2H_2O + 4e^- \rightarrow 4OH^-$
(환원 반응)

양극에서 철은 전자 2개를 모체에 남긴 채 전해질을 통해 용출되며, 남겨진 이 전자는 음극에서의 환원 반응으로 소비되는데 이러한 반응은 동시에 발생한다. 철 부식의 통합적 반응식은 다음과 같다.

$$Fe + \frac{1}{2}O_2 + H_2O \rightarrow Fe(OH)_2$$

형성된 양극과 음극은 일반적으로 매우 가까이 위치하며(<mm), 음극에 적체되는 철 부식의 부산물은 표면적으로 균일하게 분포된 것 같이 보이지만 실제로는 비균일하게 철 표면에 고루 분포되어 있다.

**다. 충분한 산소의 공급**

음극에 형성된 $Fe(OH)_2$가 $Fe_2O_3$로 변하고, 또 다시 $FeO(OH)$로 변하는 철의 부식 과정에서 충분한 산소의 공급은 필수적 요소이다(**그림 4.17** 참조).

산소의 공급 가능성은 우선 콘크리트 기공의 구조, 콘크리트의 철근 피복 두께와 콘크리트의 밀도에 기인하며, 콘크리트의 습기 함량 또한 중요한 영향 요소로 작용한다. 즉, 콘크리트의 습기 함량이 높은 경우에는 기공의 차단으로 산소의 불충분한 공급이 이루어지며, 콘크리트의 습기 함량이 낮은 경우에는 전해 물질의 부족으로 철의 부식 가능성이 점차 줄어든다.

철의 부식에서 산소의 역할에 대한 한 예로, 염의 농도에 따른 부식의 정도를 들 수 있다. 농도가 낮은 범위에서의 철의 부식은 염의 농도에 비례하여 증가하는데 약 3%에서 최대가 된다. 그러나 그 이상의 농도에서는 점차 감소하는 현상을 나타내는데, 이러한 현상은 $Cl^-$의 증가에 따른 용존 산소량의 감소와 그것에 따른 음극 반응의 비활성화로 설명될 수 있다.

결론적으로 전기 화학적 작용을 통한 철의 부식을 위해 다음의 3가지 조건이 충족되어야 한다.

① 철 표면에는 물과 전해질이 존재해야 하며, 이들이 전기 분해되어 없어질 경우 외부로부터의 계속적인 공급이 이루어져야 한다.
② 양극과 음극 사이에는 전위차가 존재해야 한다.
③ 형성된 음극에는 충분한 산소의 공급이 이루어져야 한다.

### 4.2.4 화재로 인한 훼손

• **훼손의 종류와 등급**

화재의 발생은, 즉 콘크리트에 대한 열의 작용은 콘크리트의 물리적, 화학적 부식을 야기시킨다. 콘크리트의 온도가 약 350°C에 이르면 콘크리트는 그 강도를 점차 상실하고, 약 450°C에 이르면 콘크리트의 구성 물질인 $Ca(OH)_2$가 파괴되고, 약 573°C에 이르면 $\alpha$-Quartz가 $\beta$-Quartz로 변하며, 약 750°C에 이르면 거의 전체적인 콘크리트의 파열이 일어난다(**그림 4.18** 참조).

화재로 인한 콘크리트의 주된 훼손의 종류를 정리하면 다음과 같으며,

① 콘크리트 표면의 오염(그을음)
② 산성 가스의 침투
③ 콘크리트의 파열과 그것에 따른 철근의 노출
④ 신축 모듈러스의 차이에 따른 형태 변화와 응력의 발생에 따른 균열 발생
⑤ 구조물의 붕괴

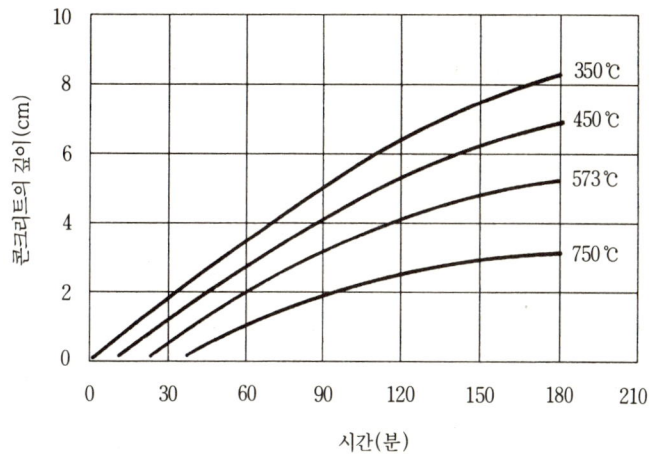

그림 4.18 화재 발생시 시간에 따른 콘크리트의 열의 변화

표 4.5 화재에 따른 철근 콘크리트 훼손의 등급 결정

| 훼손 등급 | 훼손 형태 | 세부 사항 |
|---|---|---|
| I | 외관적 훼손 | 그을음의 형성, 도료의 변색, 냄새의 변화<br>부분적으로 세척 가능<br>부분적인 영구 변화 |
| II | 기술적 훼손 | 그을음의 형성과 도료의 훼손<br>심하지 않은 콘크리트의 파열 |
| III | 표면 구조의 훼손 | 콘크리트의 변색(검은색, 분홍색)<br>심하지 않은 콘크리트의 파열(가장 외부에 위치한 철근까지) |
| IV | 내부 구조의 훼손 | 콘크리트의 변색(경우에 따라 광택)<br>심한 콘크리트의 파열(외부에 위치한 철근의 50% 이상 노출)<br>철근(최고 1개)의 휨<br>균열(1mm)의 발생 |
| V | 구조물의 훼손 | 콘크리트의 변색(회색 또는 흰색)<br>심한 콘크리트의 파열<br>전체 철근의 노출<br>심한 형태 변화와 균열<br>다수 철근의 휨 |

그것에 따른 훼손의 등급은 일반적으로 표 4.5와 같은 방법으로 결정한다.

• 훼손의 보수

구조적, 재료적 그리고 외관적 측면에서 보수 공사의 타당성이 입증된 경우에는 그것에 해당하는 보수 공사에 앞서서 구조적 계산에 의한 정확한 안전 진단이 우선적으로 시행되어야 한다.

일반적으로 시행되는—훼손된 철근의 보강 후— 보수 공법으로는 보수 모르타르 공법과 숏크리트 공법을 들 수 있는데 그것에 해당하는 공사의 순서 및 특징은 다음과 같다.

### 가. 보수 모르타르 공법
1. 부식 정도를 고려한 부식물의 제거
2. 접합력 향상을 위한 모르타르(시멘트 : 모래(0~2 mm) : 수지 : 물=1 : 1 : 1 : 0.6(부피 대비)) 바르기
3. 인조 개량 시멘트 모르타르(시멘트 : 모래(0~2 mm, 그 중에서 0~0.25 mm : 8~10%(질량 대비)) : 수지 : 물=1 : 2 : 0.2 : 0.63(부피 대비)) 바르기
   - 단, 구조적 보강을 위한 인조 개량 시멘트 모르타르의 배합비는 일반적으로 다음과 같다. 시멘트 : 모래 : 수지 : 물=2.5 : 2.5 : 1 : 1(부피 대비)
   - 일정한 형태를 복구해야 할 경우 인조 개량 시멘트 모르타르를 약 20~90분간 경화시킨 후—경화 정도를 손으로 눌러 확인하고— 형틀을 그 위에 눌러 부착(약 2~5분간)시킨 후 떼어 낸다.
4. 모르타르가 경화된 후—결함 부분 발생시— 마감 모르타르(시멘트 : 모래 : 수지 : 물=1.5 : 1.5 : 1 : 1(부피 대비))를 바른다.
5. 주변의 색과 동일성을 유지하기 위해 산화철이나 백색 시멘트를 섞은 모르타르(보수 모르타르의 종류 참조)를 이용한다.

### 나. 숏크리트 공법
화재로 인한 콘크리트의 훼손 부위를 제거한 후 숏크리트를 발사하여 구조적으로 원래의 상태로 복구하는 공법으로 다음과 같은 장점을 갖고 있다.
1. 외부 환경에 큰 영향을 주지 않으며 신속한 복구 공사가 가능하다.
2. 복구되는 부분의 구조적 계산이 용이하다.
3. 저렴한 공사비, 즉 경제성이 높다.

## 4.2.5 해빙·결빙에 의한 훼손

물에 젖은 또는 물을 많이 함유한 콘크리트에 결빙 현상이 발생하면, 부피 증가(약 9.1%)를 동반한 얼음 결정체의 생성으로 콘크리트 내부에 압력이 생성되어 콘크리트의 파열을 야기

한다. 특히 양면 결빙이 발생할 경우—단일면 결빙 발생시에는 다른 면의 아직 얼지 않은 물을 통해 압력의 방출이 가능한 데 비해— 생성된 압력의 외부로의 방출 불가로 인해 콘크리트 내부에 더 큰 압력이 형성된다.

결빙에 의한 훼손을 가져오는 또 다른 하나의 요소로, 동절기시 도로 표면에 살포하는 해빙제(주로 NaCl, $CaCl_2$, $MgCl_2$, 요소, 알코올 등)를 들 수 있다. 결빙 온도의 저하와 흡열 과정을 통한 얼음의 융해—그외 콘크리트의 장기간 물에 젖음, 화학 물질의 축적과 그것에 따른 부식—를 야기시키는 해빙제는 결국 콘크리트로부터 필요한 열을 흡수하게 되는데, 이것에 따라 콘크리트에 냉각 쇼크 현상(최고 14 K 온도 저하)이 발생하여 기공수의 급속한 결빙 현상(그것에 따라 최고 인장력 $4 N/mm^2$ 발생)과 콘크리트의 훼손을 초래한다(그림 4.19, 4.20, 4.21 참조).

반복되는 해빙·결빙에 대한 콘크리트의 내구성이 부족할 경우에 골재나 시멘트석의 이탈

그림 4.19 해빙제에 의한 콘크리트의 훼손

그림 4.20 해빙제에 의한 콘크리트의 훼손

그림 4.21 해빙제에 의한 콘크리트의 훼손

과 골재의 주변 부위에 균열이 생기는 훼손이 발생하게 되므로, 기공률(특히 모세관 크기의 기공)이 낮은 콘크리트의 생산 ― 낮은 W/C 수치(W/C<0.6(일반적), W/C<0.5(해빙제의 심한 영향), W/C<0.45(콘크리트 도로))와 충분한 수화 작용을 통해 ― 과 그것에 따른 물 흡수량의 저하는 결빙에 의한 콘크리트의 훼손을 줄이는 가장 근본적인 방법이라 할 수 있다. 그렇지 않을 경우, 예를 들면 W/C 수치 0.6, 수화 진행 정도 80%로 생성된 시멘트석은 약 34%(부피 대비)의 모세 기공을 함유케 되는데 이것은 결빙에 의한 훼손 방지 측면에서 이미 지양해야 할 수치이다.

결빙을 통한 콘크리트의 훼손 방지를 위한 부차적인 방법으로 콘크리트 내부에 인공 재료, 예를 들면 수지 비누, Alkylarysulfonate, Polyamine, Polyglycolather 등을 첨가시켜 인공적으로 기공을 형성하여 결빙으로 생성되는 압력을 상쇄시키기도 하는데, 이때 기공의 크기는 모세 기공보다 크든지 0.3 mm 보다 작아야 할 뿐만 아니라 생성되는 기공률은 기공수의 9%(부피 대비) 이상이 되어야 하며, 기공 사이의 간격은 0.2 mm 보다 작아야 그 효율성을 기대할 수 있다.

동결 융해에 대한 보다 직접적인 이해를 위해 KS F 2456-1993에 따른 콘크리트의 동결 융해에 대한 저항 시험 방법을 간략하게 기술하면 다음과 같다.

1) 수중 급속 동결 융해 또는 기중 급속 동결·수중 융해의 방법을 통해 기둥 공시체의 온도를 2 내지 4시간 간격으로 4℃→-18℃로 저하, -18℃→4℃로의 상승을 반복한다.
2) 동결 융해 사이클이 36 사이클을 초과하지 않는 범위의 간격으로 융해의 상태에서 가로 1차 주파수 시험을 한다.

3) 특별한 제한이 없는 한 300 사이클이 될 때까지 또는 최초 시험시 측정한 탄성 계수의 60%가 될 때까지 상술한 시험을 계속한다.

4) 시험 후 다음과 같이 상대 동탄성 계수를 구한다.

$$P_c = (n_1^2/n^2) \times 100 \tag{23}$$

여기서, $P_c$ : 동결 융해 C 사이클 후의 상대 동탄성 계수(%)

$n$ : 동결 융해 C 사이클에서의 가로 1차 진동 주파수

$n_1$ : 동결 융해 C 사이클 후의 가로 1차 진동 주파수

그리고 아래와 같이 내구성 지수를 구한다.

$$DF = PN/M \tag{24}$$

여기서, DF : 시험용 공시체의 내구성 지수

P : N 사이클에서의 상대 동탄성 계수(%)

N : P가 시험을 단속시킬 수 있는 소정의 최소값이 된 순간의 사이클 수 또는 동결 융해에의 노출이 끝나게 되는 순간의 사이클 수

M : 동결 융해에의 노출이 끝날 때의 사이클 수

## 4.2.6 결로에 의한 훼손

온도와 습기의 상관 관계에 의한 수증기의 응축이라고 이해할 수 있는 결로 현상은 건축 재료의 표면에서 뿐만 아니라 내부에서도 발생한다. 전자를 "표면 결로", 후자를 "내부 결로"라고 정의하는데, 육안 식별이 용이한 표면 결로에 비해 내부 결로의 발생은 경우에 따라서 그 여

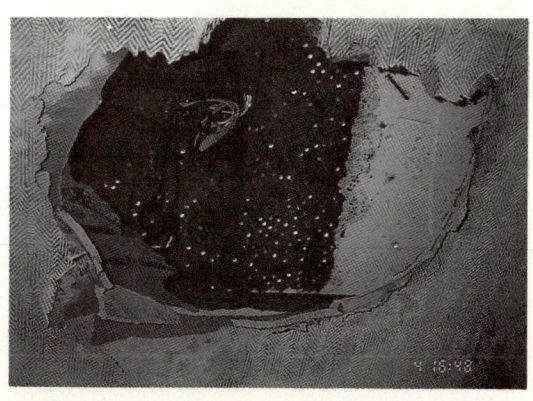

그림 4.22 외기와 접한 천장 부위에 발생한 결로

그림 4.23 발코니 천장 부위에 발생한 결로에 의한 훼손

부 확인이 매우 어렵다.

결로의 발생은 우선 미관상 그리고 위생상 측면에서 뿐만 아니라 특별히 열에너지 절약의 측면에서 그리고 건축 재료의 노후화 방지 측면에서 우선적으로 배제되어야 한다. 그 이유로는 결로의 발생은 건축 재료의 다습화, 즉 건축 재료의 함습량 증가를 야기시키는데, 이것은 열에너지 전도량과 건축 재료의 부식 속도와 비례적인 관계하에 있기 때문이다(**그림 4.22, 4.23** 참조).

### 4.2.7 미생물에 의한 훼손

미생물(이끼, 곰팡이, 박테리아 등)은 그 종류에 따라 무기물로부터 직접 또는 무기물의 산화를 통해 필요한 에너지나 영양분을 충족한다. 그것에 따라 콘크리트 구성 물질의 분해와 훼손이 시작되는데, 미생물이 방출하는 화학 물질 또한 부차적인 콘크리트의 훼손을 초래한다(**그림 4.24, 4.25 참조**).

미생물의 서식을 위해 장기간 습한 부위 그리고 직접적인 일사가 없는 부위는 더할 나위 없는 좋은 환경이지만, 많은 종류의 미생물은 기후의 변화, 예를 들면 건조 주기, 직사 광선 등을

그림 4.24 미생물에 의한 콘크리트의 오염

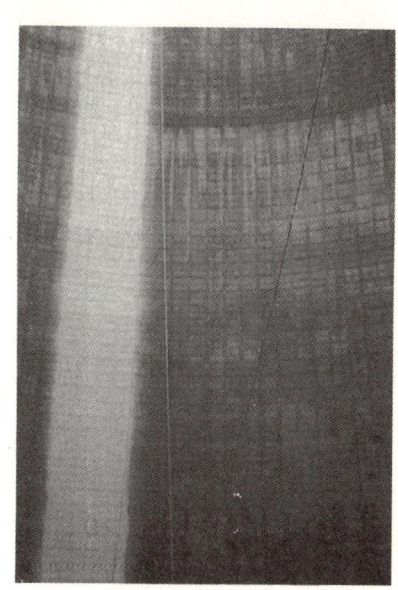

그림 4.25 압력수를 이용해 오염이 제거된 줄 모양

충분히 견뎌 내기도 하므로 미생물에 의한 콘크리트의 훼손 방지를 위해서는 충분한 고려가 필요하다.

미생물 번식을 최대한 줄이기 위한 방법은 다음과 같다.
1) 콘크리트의 표면을 평평하고 기공이 형성되지 않게 한다.
2) 밀도 높은, 즉 강도 높은 콘크리트를 사용한다.
3) 도료의 공사—경우에 따라 방부제를 섞어서—를 한다.
4) 폴리우레탄계—특히 습한 공간에—의 도료를 칠한다.

이미 번식한 미생물의 제거를 위해 열공법이 주로 사용되는데, 아세틸렌 불꽃을 통해 이끼의

포자까지 완전히 제거한 후 철솔질을 하거나 물 또는 모래를 강한 압력으로 발사해 미생물로 오염된 부분을 제거한다.

# 5
# 철근 콘크리트의 보수

철근 콘크리트 구조체란 그 특성상 마감재나 설비재와는 달리 교체가 거의 불가능하다. 따라서 철근 콘크리트 구조물의 내구성 지속을 위해서는 일상 점검이나 정기 점검을 통해 적절한 시기에 적절한 보수 공사가 이루어지도록 해야 하는데, 철근 콘크리트의 보수란 일반적으로 다음의 사항을 포함하는, 즉 철근과 콘크리트의 화학적, 기계적 영향에 대한 저항력을 회복 또는 향상시키는 하나의 유지·관리 공사라고 할 수 있다.

1) 불충분한 콘크리트의 피복 두께를 갖는 철근의 부식 방지
2) 이미 부식된 철근에 부식 방지의 기능 재생
3) 표면 부식된 콘크리트의 재생
4) 균열의 보수
5) 내화학성 기능의 부여
6) 내마모성의 향상 등

보수 공사의 필요 여부를 판단하기 위해서는 다양한 측면에서 수많은 기준이 고려되어야 한다. 그러나 일반적으로 선택·사용되고 있는 기준으로는 표 5.1에 나열된 4가지 항목을 들 수

표 5.1 보수 공사의 필요 판단을 위한 기준

| 항목 | 기준 |
|---|---|
| 축방향 균열 | 발생 |
| 중성화 깊이 | 피복 두께 |
| 콘크리트 속의 염소 이온량 | $1.2(kg/m^3)$ |
| 자연 전위 | $-0.35(-V)$ |

그림 5.1 물 흘리기에 의한 흡수 시험

있는데, 이 중에서 어느 하나라도 그 한계값에 달할 경우 보수 공사의 우선적 필요성이 있는 것으로 간주할 수 있다.

철근 콘크리트의 보수에 앞서서 콘크리트의 알칼리성 측정, 콘크리트의 피복 두께 측정, 표면 강도 측정, 균열의 크기와 변화 측정, 화학적 변화 측정, 흡수량 측정 등은 부식의 원인을 알아내는 기본이 되며, 부식 원인을 고려한 적합한 보수 공사의 방법과 보수 재료의 선택은 철근 콘크리트 보수의 성공 유무를 결정한다. 보수 공사를 위한 사전적 시험 항목과 시험 방법을 **표 5.2**에 나타낸다.

보수 재료의 선택에서 일반적으로 충족되어야 할 요인을 열거하면 다음과 같다.

1) 보수 재료와 바탕 콘크리트의 물리적 성질(응력, 온도, 습기에 따른 형태 변화 등등)은 될 수 있는 한 동일해야 한다.
2) 내알칼리성과 방수성을 갖고 있어야 한다.
3) 이산화 탄소의 투과를 저지시켜야 한다. 그러나 습기는 투과시켜 내부 결로 발생시 생성

표 5.2 콘크리트 표면의 검사 종류

| 시험 대상 | 시험 방법 | 시험 시기 |
|---|---|---|
| 무른 부위 | 육안, 칼긋기 시험 | 보수 공사 전후 |
| 탈분, 탈사 | 육안, 칼긋기 시험 | 보수 공사 전후 |
| | 접착 테이프 시험 | |
| 불충분한 강도 | 칼긋기 시험 | 보수 공사 전 |
| 용해 부식 | 육안, 흡수 시험, 칼긋기 시험 | 보수 공사 전 |
| 층형 분리 | 망치 두들기기 | 보수 공사 전(후) |
| 균열 존재 | 육안(습윤, 건조) | 보수 공사 전(후) |
| 넓이 | 측정자, 확대경 | 보수 공사 전(후) |
| 변화 | 석고 치기, 균열 넓이 측정기 | 보수 공사 전(후) |
| 거칠기 | 육안, 모래 뿌리기, 측정기 | 보수 공사 전후 |
| 흡수 | 육안에 의한 흡수 관찰 | 보수 공사 전후 |
| | 계측기 | |
| 오염 물질 | 육안, 흡수 시험 | 보수 공사 전후 |
| 백화 현상 | 육안 | 보수 공사 전후 |
| 염분 함유량 | 화학적 분석 | 보수 공사 전 |
| 중성화 깊이 | 파괴 시험, 페놀프탈레인 용액 | 보수 공사 전 |
| 철근의 노출 | 육안 | 보수 공사 전 |
| 녹물 | 육안 | 보수 공사 전 |

되는 물의 신속한 건조를 가능케 해야 한다.

4) 바탕 콘크리트에 높은 접착력과 내화성을 갖고 있어야 한다.

정도가 심하지 않은 부식의 보수 방법을 이른바 "모르타르 보수 시스템"이라고 하는데, 그것에 속한 일반적인 보수 공사의 순위는 다음과 같다(**그림 5.2** 참조).

1) 콘크리트 표면 준비
2) 철근의 부식 방지
3) 콘크리트의 접합력 향상
4) 보수 모르타르 바르기
5) 마감 처리

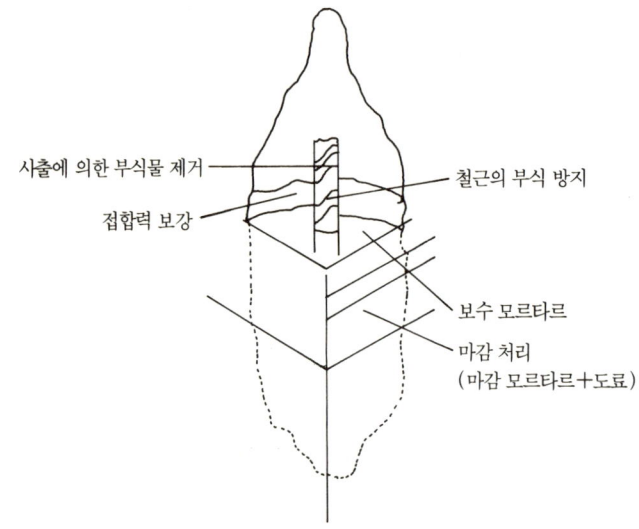

그림 5.2 모르타르 보수 시스템

## 5.1 콘크리트 표면의 준비

보수 재료의 물성이나 보수 방법의 종류와 상관없이 보수 표면의 청결과 지력(持力)의 확보($>1.5\,N/mm^2$)는 보수 공사에서 가장 먼저 시행되어야 할 공정이다. 보수 공사에 유해한 영향을 미치는, 예를 들면 콘크리트의 부식물(염해, 중성화, 알칼리 골재 반응, 동해 등에 의한 열화), 도료의 잔재물, 기름, 이끼 등은 우선적으로 제거되어야 하는데 그것을 위한 일반적인 공법은 다음과 같다.

• 기계적 공법

30~60°의 각도로 콘크리트의 부식 표면에 ─강한 압력($>600\,bar$, 주로 800~1 200 bar)으로, 건식 또는 습식으로─ 발사되는 석영 모래(직경 : 0.4~0.7 mm) 또는 광재(鑛滓 ; 구리나 알루미늄의 작은 조각) 등을 이용해 기존의 부식물을 제거하는 공법(이른바 "발사 공법")으로, 환경 오염의 방지를 위해 발사관 끝에 진공 흡입구를 설치하기도 한다.

이 공법은 가장 경제적이며, 넓은 부식 표면에, 철근의 녹 제거에, 특히 모서리 부분의 부식물 제거에 적합한 공법으로 그 작용 깊이는 대략 1~2 mm 정도이다. 때때로 공기나 물만을 강

그림 5.3  압력수를 이용한 콘크리트 표면의 부식물 제거

한 압력으로 발사하기도 하는데, 이 경우 부식된 굵은 골재의 제거는 기대하기 어렵다. 또 다른 기계적 공법으로 상술한 발사 공법 이외에 철솔, 프레이즈盤(fraise 盤), 전기 해머, 정, 연마기 등을 이용해 부식물을 제거하기도 한다.

- **열공법**

열공법이란 제거하고자 하는 부식 표면에 산소와 아세틸렌에 의해 형성된 불을 가하여, 즉 콘크리트의 표면에 열 쇼크를 주어 광물질 결정체의 붕괴(결정체가 클 경우)와 아주 작은 결정체나 비결정체의 용해를 통해 부식물을 제거하는 공법이다. 이 공법은 넓은 수평 표면에, 특히 기름에 의해 심하게 오염된 경우에 사용 적합하며 작용 깊이는 대략 <3 mm 정도이다.

그러나 열공법의 부작용으로 콘크리트 표면에 균열 발생, 접합 강도의 저하, 열에 의한 철근의 훼손 등이 초래될 수 있으므로, 공사시 세심한 주의—콘크리트의 표면에만 열이 작용하도록—가 필요하다.

- **화학적 공법**

화학적 공법이란 화학 물질을 이용해 오염 물질(백화, 기름 얼룩 등)을 제거하는 공법으로, 특히 산을 이용한 오염 물질의 제거시 공사 부위를 우선 물로 적시어, 즉 건축 재료가 물을 함유케 하여 화학 물질의 깊숙한 침투를 막아야 한다. 또한 공사 후까지 잔재하는 화학 물질은 물로 깨끗이 씻어 화학 물질을 통한 부수적인 부식, 예를 들면 콘크리트의 중성화, 철근의 녹슬음 등을 사전에 방지해야 한다.

공사 후 물로 세척이 용이하고 효과가 큰 화학 물질로는 개미산 5~15%, Amidosulfo 산

10％, Magnesiumsilicofluoid 10~20％, 불수소화 규산 5％ 등을 들 수 있다.

상술한 공법을 이용해 부식물을 제거한 후 콘크리트 표면은 계속되는 보수 공사를 위해 다음과 같은 요구 사항을 충족해야 하는데

① 충분한 표면 인장 강도 : $\geq 1.5\,N/mm^2$(시멘트 모르타르, 인조 개량 시멘트 모르타르)
: $\geq 1.0\,N/mm^2$(인조 모르타르)
② 충분한 비탄소화 깊이
③ 부착력 향상을 위한 거친 표면
④ 습도 : 건조한 상태(수지계 모르타르), 습한 상태(시멘트계 모르타르)
⑤ 적정한 온도 : 일반적으로 5~30(시멘트계), 8~40(수지계)
: > 결로 온도+3℃
⑥ 비와 강한 바람($\geq 5\,m/s$)으로부터의 보호 등

이들에 대한 육안 또는 기기를 통한 정확한 측정 및 평가가 이루어져야 한다.

부식 부위의 완전 제거가 곤란할 경우 또는 부재의 두께가 불충분할 경우에는 철근의 부식 환경 개선을 목적으로 도포 함침제가 사용되기도 하는데, 사용 목적에 따른 종류는 다음과 같다.

① 침투성 알칼리 부여재 : 중성화된 콘크리트에 알칼리성 재부여
② 침투성 고화재 : 취약한 콘크리트 표면층을 강화
③ 도포형 방청재 : 염화물이 존재하는 철근의 부식 환경의 개선
④ 침투성 흡수 방지재 : 방수성을 부여하여 열화 방지

## 5.2 철근의 부식 방지

철근의 부식 원인은 일반적으로 다음의 3가지로 대별할 수 있다.
1) 탄소화에 의한 콘크리트의 부식
2) 염($Cl^-$)에 의한 콘크리트의 부식
3) 그것에 따른 철근의 내구성 상실

그러나 염소 이온이나 이산화 탄소가 수분(액체 상태)을 매개체로 침투할 경우 일반 환경하

에서보다 급속한 부식이 발생한다.

상술한 부식의 원인에 따른 부식 방지법의 종류는 매우 다양하다. 그러나 그 원칙이나 방법은 다음의 3가지로 거의 동일하다 할 수 있는데,
1) 알칼리성의 회복
2) 함수량의 감소
3) 철근의 직접적 부식 방지

탄소화나 염화에 의해 이미 중성화된 콘크리트에 원초적 알칼리성을 회복시켜 주든지, 함수량을 줄여 탄소나 염의 침투 속도를 억제시키든지, 또는 철근의 도료 공사 등을 통해 상실될 또는 상실된 부식 방지의 기능을 보호 및 재생하는 것이다. 그것에 해당하는 세부적 공법은 다음과 같다.

### 5.2.1 탄소화에 의한 콘크리트 부식의 보수

콘크리트의 탄소화에 기인한 철근의 부식을 방지 또는 보수하기 위한 일반적인 방법은 다음과 같다.

#### 5.2.1.1 알칼리성의 재생을 통한 부식 방지(보수 공법 R)

이미 중성화된 콘크리트의 알칼리성 회복을 위해, 즉 철근에 하나의 보호막 이른바 "산화 / 수산화층(부동태 피막)"의 재생을 위해서는 다음과 같은 방법이 있다.

1) 첫째 방법(이른바 R1 공법)

기존의 탄소화된 콘크리트 표면에 시멘트계 모르타르(두께＞건축물의 남은 수명 동안 모르타르의 탄소화 깊이, 또는 두께＞약 20 mm)를 일률적으로 바른다. 그러나 이것은 기존의 콘크리트에 철근의 부식으로 인한 균열이 없을 때와 탄소화의 깊이가 철근의 깊이 +2 cm 보다 작을 때를 그 전제 조건으로 한다. 만일 철근의 부식으로 콘크리트의 균열이 이미 존재할 경우에는 우선적으로 철근 주위의 부식된 콘크리트를 제거(20 mm(철근 옆), 0 mm(철근 뒤, 철근의 직경＜20 mm) 또는 15 mm(철근 뒤, 철근의 직경＞20 mm))한 후 상실된 부위의 모르타르 충전과 더불어 표면 모르타르를 바르는데, 이때 사용되는 모르타르는 높은 탄소화 저항 능력을 갖고 있어야 한다(**그림 5.4** 참조).

## 5. 철근 콘크리트의 보수

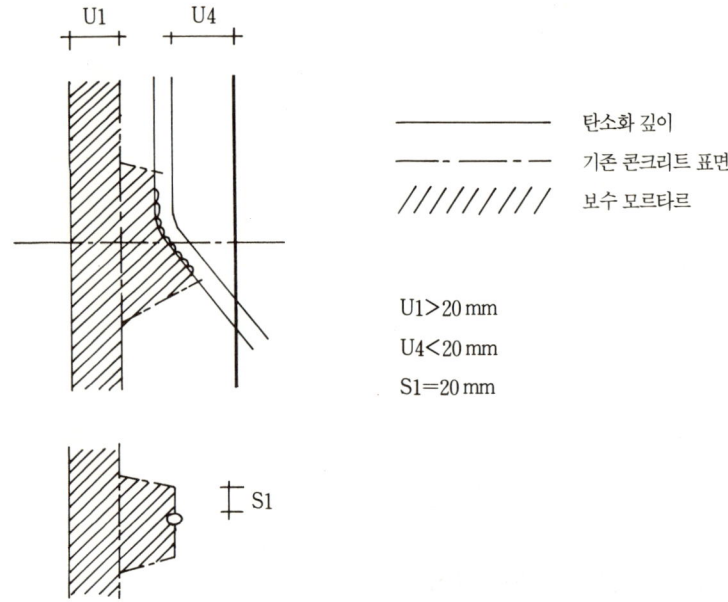

그림 5.4 보수 방법 R1

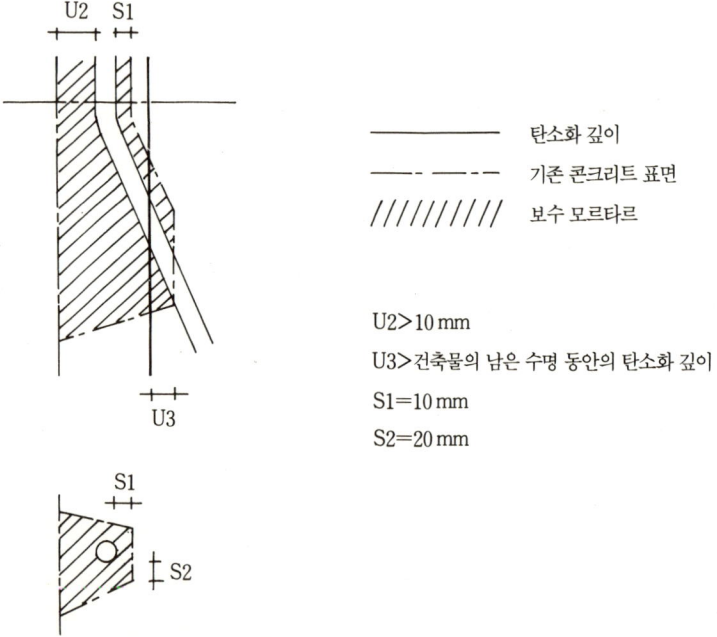

그림 5.5 보수 방법 R2

2) 둘째 방법(이른바 R2 공법)

콘크리트의 탄소화 깊이가 콘크리트의 철근 피복 두께보다 클 경우에는 부식된 콘크리트를 제거한 후 여기에 모르타르를 충전시키는데, 이때 모르타르의 두께는 >10 mm(철근 앞), 10 mm(철근 뒤, 철근의 직경<20 mm) 또는 15 mm(철근 뒤, 철근의 직경>20 mm), 20 mm (철근 옆)에 달해야 한다. 그러나 만일 철근 앞의 모르타르 두께가 >20 mm 일 경우에는 첫째 방법과 마찬가지로 철근의 뒷부분까지 부식된 콘크리트를 제거한다든지 모르타르를 충전할 필요는 없다(그림 5.5 참조).

### 5.2.1.2 함수량의 감소를 통한 부식 방지(보수 공법 W)

콘크리트의 함수량 감소는 전기 화학적 작용의 저하, 즉 철근의 계속적인 부식 방지에 큰 효과를 가져온다. 그러나 적정 함수량에 관한 규정은 아직 존재하지 않기 때문에 지습의 상승 방지 및 내부로부터의 습기 투과 저지 이외에 콘크리트 표면으로부터의 흡수 제한을 위한 표면 방지법, 예를 들면 표면 모르타르 바르기 방법이 주로 사용된다.

일반적으로 사용되는 표면 모르타르의 종류는 나중에 열거하게 될 보수 모르타르와 같으며, 일정한 두께는 아직 규정되어 있지 않지만 철근의 부식이 이미 존재할 경우에는 철근 주위의 부식된 콘크리트를 우선 제거―10 mm(철근 뒤, 철근의 직경<20 mm) 또는 15 mm(철근 뒤, 철근의 직경>20 mm), 20 mm(철근 옆)―한 후 표면 모르타르를 바른다(그림 5.6 참조).

### 5.2.1.3 철근의 도료 공사를 통한 부식 방지(보수 공법 C)

보수 공법 R에 의한 효과적인 철근의 부식 방지를 기대할 수 없을 경우, 콘크리트의 철근 피복 두께가 <10 mm일 경우, 또는 보수 공법 W를 사용할 수 없을 경우에는 철근의 도료 공사를 시행한다. 그후 충전 모르타르 바르기는 상술한 "보수 공법 R"의 둘째 방법과 같은 방법으로 시행한다(그림 5.7 참조).

철근의 부식 방지 공사에 앞서 철근의 녹 제거―철근과 보수 모르타르의 접착력 향상을 위해―를 위해 우선 화학적 공법(수산(5~15%) 또는 인산(5~10%)을 이용)을 들 수 있지만, 효능의 저하와 공사의 비용이성 등을 고려할 때 특별한 경우를 제외하고는 쓰이지 않는 실정이다.

녹의 발생 부위에 구애되지 않고 높은 효능과 거의 완벽한 녹 제거가 가능한 기계적 공법의

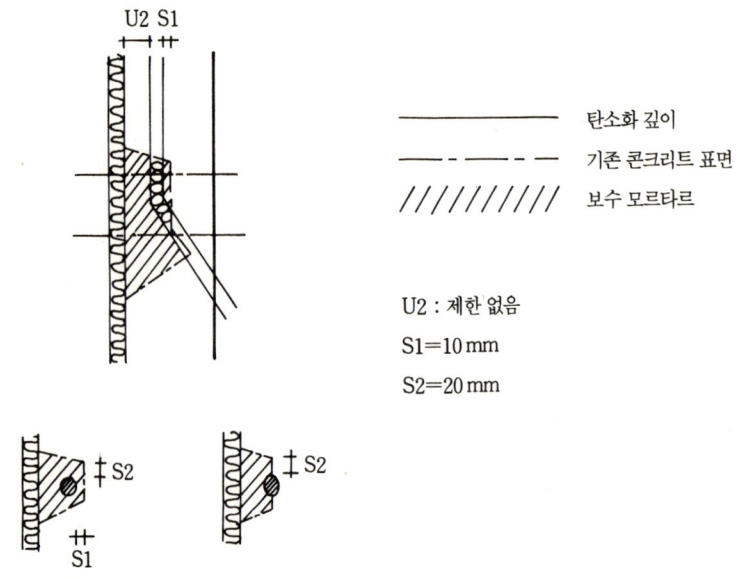

그림 5.6 보수 방법 W

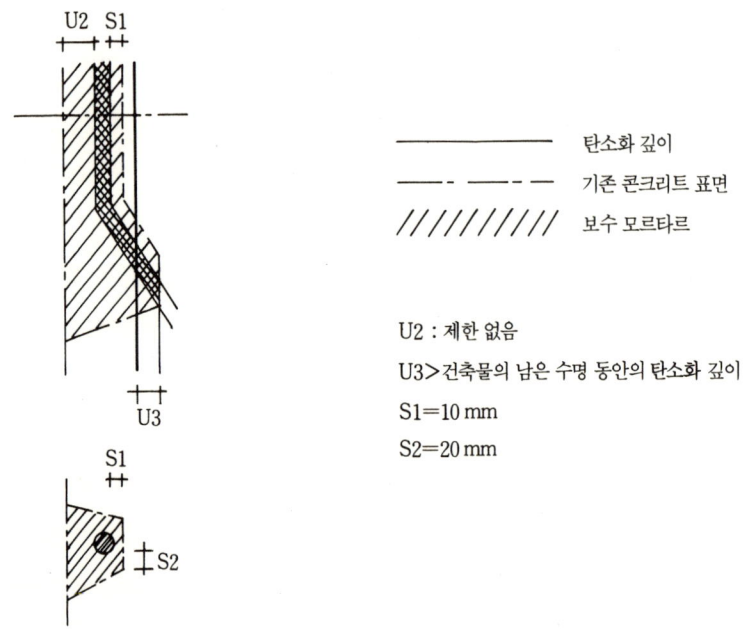

그림 5.7 보수 방법 C

하나로 전술한 발사 공법을 들 수 있다. 그러나 염산에 의한 철근 부식이 발생한 경우 압력수 (>60 bar)를 이용한 녹 제거 공법이 사용된다. 녹 제거 공사 후 철 표면의 거칠기는 소요되는 도료의 양과 도료와 철과의 접착력에 큰 영향을 미치므로 적절한 거칠기의 선택이 필요하다.

녹이 제거된 철근은 항상 건조한 상태를 유지해야 하며, 비를 맞지 않도록, 그리고 철근 표면에 결로 현상이 일어나지 않도록 주변의 기후 환경에 주의해야 한다. 철근 표면의 결로 방지를 위해 철근의 표면 온도 $\vartheta_{철}$은 결로가 일어날 수 있는 공기의 온도 $\vartheta_{공기, 결로}$보다 적어도 3℃ 이상 높아야 하는데

$$\vartheta_{철} \geq \vartheta_{공기, 결로} + 3 \tag{25}$$

결로가 생기지 않는 철근의 허용 온도 $\vartheta_{철, 허용}$은 공기의 상대 습도 $\varphi_{공기}$와 공기의 온도 $\vartheta_{공기}$를 고려하여 일반적으로 다음과 같이 구한다.

$$\vartheta_{철, 허용} = \varphi_{공기}^{0.125} \cdot (110 + \vartheta_{공기}) - 107 (℃) \tag{26}$$

사용의 간편을 위해 결로 발생 방지를 위한 철근의 허용 온도를 표 5.3에 나타낸다.

철근의 녹을 제거한 후 주로 도료를 통한 철근의 부식 방지 공사가 이루어지는데, 도료의 구성 성분이나 배합비에 따라 다양한 부식 방지의 성능과 도색 후의 두께가 결정된다. 유기 도료의 종류 선택에 있어서 일반적으로 고려되어야 할 공통 사항은 다음과 같다.

① 내구성 : 기후(습기, UV광선, 유해 가스 등)에 대한 내구성, 화학적(산, 기름, 미생물, 염 등) 내구성, 기계적(마모, 진동, 충격 등) 내구성, 열적 내구성 등
② 시공 용이성 : 건조 시간, 환기 여부, 온도와 습기, 보수 용이성, 시공 방법
③ 저렴한 가격 : kg 또는 $l$가 아닌 m²당 소요되는 비용

요구되는 도료의 두께에 다다르기 위해 여러 번에 걸친 도료의 공사가 필요한 경우에 각 도료들은 서로 다른 성능을 충족하여야 하는데, 예를 들면 철 위에 첫 번째로 칠해지는 기초 도료는 충분한 접착력과 부식 방지의 기능을 담당해야 하고, 마지막으로 칠해지는 도료는 기초 도료의 보호를 위해 유해한 환경 요소에 대한 내구성을 갖고 있어야 한다. 또한 각 도료들은 서로 다른 색을 갖고 있어서, 시공시 빠진 부위의 용이한 발견을 통해 완벽한 도료의 공사가 이루어지도록 해야 한다.

그러나 단일 도료의 공사만으로도 원하는 두께에 다다를 수 있는 도료를 사용할 경우에는 경제적인 이득이 있는 데 반해 모서리, 리벳, 나사 등 도색의 어려움이 있는 부위가 존재하므로 도색에 매우 신중해야 한다.

표 5.3 결로의 방지를 위한 공기의 상대 습도와 온도에 따른 철근의 허용 온도

| 공기 온도 | 상대 습도에 따른 철근의 허용 온도 | | | | | | | | |
|---|---|---|---|---|---|---|---|---|---|
| | 50% | 55% | 60% | 65% | 70% | 75% | 80% | 85% | 90% |
| 20 | 12.1 | 13.6 | 15.0 | 16.2 | 17.3 | 18.4 | 19.4 | 20.4 | 21.3 |
| 19 | 11.3 | 12.7 | 14.0 | 15.2 | 16.4 | 17.4 | 18.5 | 19.4 | 20.9 |
| 18 | 10.4 | 11.8 | 13.1 | 14.3 | 15.4 | 16.5 | 17.5 | 18.4 | 19.3 |
| 17 | 9.5 | 10.9 | 12.1 | 13.3 | 14.5 | 15.5 | 16.5 | 17.4 | 18.3 |
| 16 | 8.5 | 9.9 | 11.2 | 12.4 | 13.5 | 14.5 | 15.5 | 16.5 | 17.4 |
| 15 | 7.6 | 9.0 | 10.3 | 11.4 | 12.5 | 13.6 | 14.6 | 15.5 | 16.4 |
| 14 | 6.7 | 8.1 | 9.3 | 10.5 | 11.6 | 12.6 | 13.6 | 14.5 | 15.4 |
| 13 | 5.8 | 7.1 | 8.4 | 9.6 | 10.6 | 11.7 | 12.6 | 13.5 | 14.4 |
| 12 | 4.9 | 6.2 | 7.5 | 8.6 | 9.7 | 10.7 | 11.6 | 12.5 | 13.3 |
| 11 | 4.0 | 5.3 | 6.5 | 7.7 | 8.7 | 9.7 | 10.7 | 11.6 | 12.4 |
| 10 | 3.0 | 4.4 | 5.6 | 6.7 | 7.8 | 8.8 | 9.7 | 10.6 | 11.4 |
| 9 | 2.1 | 3.4 | 4.6 | 5.8 | 6.8 | 7.8 | 8.7 | 9.6 | 10.4 |
| 8 | 1.2 | 2.5 | 3.7 | 4.8 | 5.9 | 6.8 | 7.8 | 8.6 | 9.5 |
| 7 | 0.3 | 1.6 | 2.8 | 3.9 | 4.9 | 5.9 | 6.8 | 7.6 | 8.5 |
| 6 | −0.6 | 0.6 | 1.8 | 2.9 | 3.9 | 4.9 | 5.8 | 6.7 | 7.5 |
| 5 | −1.5 | −0.3 | 0.9 | 2.0 | 3.0 | 3.9 | 4.8 | 5.7 | 6.5 |

철근의 부식 방지 재료는 일반적으로 크게 2가지―반응성 수지(Reaktionsharz)와 인조 개량 시멘트(PC)―로 나눈다. 부식 방지 공사시 재료의 생산업체에서 제시된 시공 적정 온도와 습도에 대한 규정 준수는 부식 방지 공사의 성패와 직결된다고 할 수 있다. 또한 더 나아가 하자 발생시 책임 규명을 위한 기초 자료가 될 수 있으므로 항상 이것을 고려하여 시공해야 한다.

- **반응성 수지를 통한 철근의 부식 방지**

주로 사용되는 부식 방지 도료는 비용해성 에폭시 수지로 다음과 같은 장점을 갖고 있다.

① 철근이나 콘크리트 뿐만 아니라 보수 모르타르와도 강인한 접착력을 갖는다.
② 자체적으로, 즉 보수 모르타르의 추가적 도움 없이도 충분한 철근 부식 방지 효과를 기대할 수 있다.
③ 염료의 혼합을 통한 부수적인 철근의 부식 방지 효과를 가져올 수 있다.

1번의 도료 공사만으로 철근의 부식 방지 공사를 마감할 경우에 요구되는 도료의 두께는 최소 300 $\mu$m에 달해야만 부식 방지의 효과를 가져올 수 있다. 그러나 적어도 2번의 도료 공사가 시행되어야 하는 철근의 부식 방지 공사시 첫 번째 도료의 공사는 될 수 있는 한 단기간에, 그리고 최소 요구 두께는 약 200 $\mu$m로 시행되어야 하며, 두 번째 도료의 공사는 빠진 부분이 없이 완벽한 도료의 공사를 위해 첫 번째 도료와 대조되는 색의 도료를 이용하여 —첫 번째 도료가 경화된 후— 이루어져야 한다. 철근에 대한, 정확히 말해 부식 방지 도료에 대한 보수 모르타르의 접착성 향상을 위해 두 번째 도료가 완전히 경화하기 전에 도료의 표면에 석영 모래(직경 0.5~1.0 mm)를 뿌리기도 한다.

일반적으로 부식 방지 도료와 보수 모르타르(예를 들면 인조 개량 시멘트 모르타르)의 결합력은 콘크리트와 보수 모르타르의 결합력보다 작을 수 있으므로 될 수 있는 한 철근 이외의 부분, 즉 기존 콘크리트 부분이 도색되지 않도록 주의해야 한다(그림 5.8 참조). 그러나 철근과 콘크리트의 경계 부분은 기존의 균열 틈을 통해 상술한 에폭시 수지가 충분히 스며들도록 해야 한다.

그림 5.8 외부로 노출된 철근의 부식 방지 도료의 공사

• 인조 개량 시멘트 모르타르를 통한 철근의 부식 방지

아크릴을 함유한 수성의 인조 개량 시멘트 모르타르는 일반적으로 낮은 "물시멘트비"(=약 0.4)로 만들어진다. 그럼에도 불구하고 일반 도료와 마찬가지로 철근에 직접 칠할 수 있을 뿐만

아니라 높은 밀도와 작은 건조 수축률을 갖고 있다. 일반적으로 2번에 걸친 도료의 공사를 통해 부식 방지 공사가 이루어지는데, 이때 최소 약 1 mm 두께의 층이 형성되어야 한다. 공사시 보수 모르타르와의 결합력 향상을 위한 석영 모래 뿌리기는 거의 필요치 않지만, 이 도료의 단점으로는 에폭시 수지에 비해 천천히 경화되며 낮은 접합력을 갖고 있음을 들 수 있다.

### 5.2.2 염에 의한 콘크리트 부식의 보수

콘크리트에 이미 함유된 또는 외부로부터 직접 침투한 염(Cl)은 철의 표면에 형성되어 있는 산화/수산화층(부동태 피막)을 파괴하여 철의 부식과 부산물의 부피 팽창, 그리고 그것에 따른 콘크리트의 균열을 발생시켜 결과적으로 전체 구조물의 내구적 성능을 저하시킨다. 이러한 현상은 이른바 "화학 흡착설"로 설명 가능한데, 산소 원자 혹은 물 분자 속에 $Cl^-$가 침투, 흡착하여 부동태 피막을 파괴시킨다는 것이다. 그러나 이때 철근 주변의 환경에 산소 및 $OH^-$ 성분이 충분히 존재할 경우에는 파괴된 부동태 피막의 재생 가능성이 점차 높아진다.

염에 의한 부식(열화)의 정도는 구조물에 나타나는 결함의 종류에 따라 일반적으로 다음과 같이 구분한다.

제1기(잠복기) : 염소 이온이 철의 부근에 누적되는 기간으로, 육안으로 관찰할 수 있는 결함은 아직 존재하지 않는 기간을 말한다.

제2기(진전기) : 철의 부식이 시작되고, 부피 팽창을 동반한 부산물의 생성으로 인해 콘크리트에 균열이 발생하는 기간을 말한다.

제3기(가속기) : 철 부식이 가속화되고 콘크리트의 탈락 등이 발생하여 구조적 내구성이 저하되는 기간을 말한다.

제4기(열화기) : 철의 단면적 감소와 그것에 따른 구조적 위험이 발생하는 기간을 말한다.

염에 의한 열화의 시간적 진행 상태와 그것에 따른 재료의 성능 변화와의 상관 관계는 **그림 5.9**와 같다.

염에 의한 콘크리트 부식의 보수에 앞서서 염(Cl)의 함량에 대한 정확한 측정은 이미 부식된, 또는 보수시 제거되어야 할 부위의 정도를 결정한다. 잔골재나 콘크리트에 함유된 염소 이온의 양을 측정하기 위해 다음의 방법이 사용되고 있다.

1) 몰법 : 크롬산 이온을 지시약으로 사용하는 침전 적정(용량법) 방법의 하나로, 염소 이

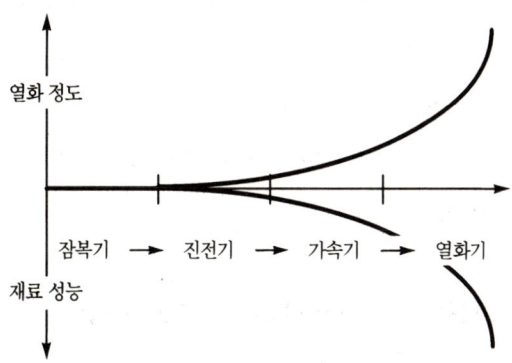

그림 5.9 열화의 진행과 구조물의 성능과의 관계

온을 은 이온으로 적정(滴定)한다.
2) 흡광 광도법 : 일명 체오시안酸 제2수은법이라고도 한다. 특정 반응 생성 이온에 대한 특정 파장의 빛의 흡광도를 측정한다.
3) 질산은(초산은) 적정법 : 후루오레사인 나트륨을 지시약으로 사용하여 초산은으로 적정한다.
4) 전위차 적정법 : 전기 화학적 방법을 이용하여 염소 이온 농도에 해당하는 전위차를 측정한다.
5) 이온 전극법 : 염소 이온의 선택성 전극을 이용한 전위차를 측정한 후 검량선으로부터 염소 이온량을 구한다.

측정된 염소 이온의 농도에 따라 다음의 식을 이용하여 단위 콘크리트에 대한 염화물량을 계산할 수 있다.

$$C_c = C_w \cdot W \cdot \frac{1}{100} \tag{27}$$

여기서, $C_c$ : 경화 전 콘크리트 $1 m^3$에 함유된 염소 이온($kg/m^3$)
　　　$C_w$ : 측정된 염소 이온의 농도(%)
　　　$W$ : 계획 배합시의 단위 수량($kg/m^3$)

측정된 염의 함량이 전술한 최대 허용 함유량을 초과할 경우에는 철근 부식의 증후가 없다고 할지라도 전문가에 의한 정확한 보수 방법이 결정되어야 한다.

염에 의한 부식을 사전에 방지하기 위한 근본적인 방법으로는 낮은 물시멘트비를 갖는 밀실한 콘크리트의 제조, 철근 피복 두께의 증가, 방청제 사용, 철근의 아연 도금 등을 통한 염소 이온의 침투 및 확산 억제, 이미 내재한 염소 이온의 감소 및 무해화, 산소 및 수분의 침투 및 확산 억제 등을 들 수 있다. 일반적으로 행해지는 염(Cl)에 의한 부식의 보수 방법은 그 원칙에 있어서 탄소화에 의한 콘크리트 부식의 보수 방법과 거의 동일한데, 그것에 관한 세부적인 특징 사항을 열거하면 다음과 같다.

### 5.2.2.1 알칼리성의 재생을 통한 부식 방지(보수 공법 R-Cl)

염에 의해 파괴된 콘크리트의 알칼리성 회복은 전술한 표면 모르타르 바르기 방법(보수 공법 R1)만으로는 불가능하다. 따라서 유해한 Cl의 함량을 나타내는 기존 콘크리트를 철근이 위치한 곳까지, 또는 안전값(일반적으로 5 mm)을 염두에 두어 충분한 깊이까지 제거한 후 건축물의 남은 수명 동안 기존의 콘크리트를 Cl의 영향으로부터 보호할 수 있는 충분한 두께를 가진 표면 모르타르를 발라야 한다(이른바 "R1-Cl 공법")(그림 5.10 참조). 또한 경우에 따라 높은 Cl 투과 저항값을 갖는 도료의 공사를 병행하기도 한다.

국부적인 알칼리성의 회복을 위한 공법(이른바 "R2-Cl 공법")은 상술한 R2 방법과 거의 동일하다. 단, 상술한 탄소화 깊이를, 부식을 야기시킬 수 있는, 즉 유해한 함량을 가진 염의 침투 깊이로 간주한다.

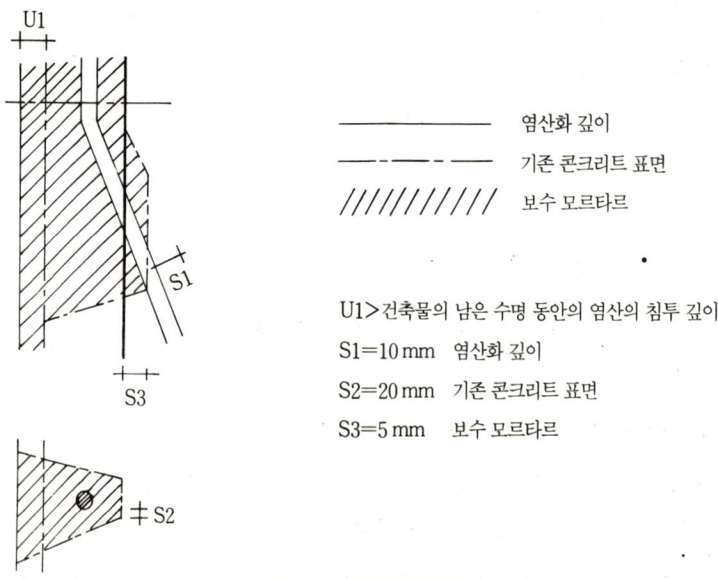

U1>건축물의 남은 수명 동안의 염산의 침투 깊이
S1=10 mm 염산화 깊이
S2=20 mm 기존 콘크리트 표면
S3=5 mm 보수 모르타르

그림 5.10 보수 방법 R1-Cl

### 5.2.2.2 함수량의 감소를 통한 부식 방지(보수 공법 W-Cl)

염(Cl)은 콘크리트의 전도성 상승에 큰 영향을 미친다. 따라서 염에 의한 부식을 방지하기 위한 함수량의 감소 공법은 탄소화에 의한 부식의 방지 공법에서 보다 더 큰 효능을 나타내야 한다.

염에 의한 부식물의 제거와 보수 모르타르에 대한 규정은 상술한 공법 W에서의 규정과 거의 동일하다. 단, 탄소화 깊이를, 부식을 야기시킬 수 있는, 즉 유해한 함량을 가진 염의 침투 깊이로 간주한다.

### 5.2.2.3 철근의 도료 공사를 통한 부식 방지(보수 공법 C-Cl)

부식물의 제거 및 보수 모르타르 바르기에 관한 규정은 상술한 보수 공법 C의 규정과 거의 동일하다.

## 5.2.3 철근의 음극화에 의한 부식 방지

철근의 음극화에 의한 부식 방지란 철근의 전극화를 통한 부식 방지 공법(이른바 "전기 방청법")으로, 주로 부식을 야기시킬 수 있는 함량의 염을 함유한 철근 콘크리트의 부식 방지에 주로 사용된다. 양극 방청법보다는 음극 방청법이 선호되어 사용되는데, 이때 양극의 지속성과 콘크리트의 전도성은 이 공법의 효능과 직결되며, 이 공법 시행 후 보수 모르타르와 기존 콘크리트와의 결합에 유해한 영향을 미치지 말아야 한다.

철보다 불안전한 금속, 예를 들면 Mg이나 Zn을 철과 전기적으로 연결하면 이들 금속이 이온을 방출하여 철의 부식을 초래하는 화학 물질과 직접 반응하게 되는데, 이것에 따라 철 이온의 잔류, 즉 철의 부식을 방지할 수 있게 된다(그림 5.11 참조).

Mg이나 Zn의 소모성에 기인하여 넓은 공간에 분포되어 있는, 예를 들면 수도관(30~40 km) 등의 부식 방지를 위해서는 Mg이나 Zn 대신 흑연을, 그리고 외부로부터 직접 유입되는 전기를 사용하기도 한다. 이때 외부 전류의 공급에 의해 양극과 음극이 같은 전위를 갖게 되면 전류는 더 이상 흐르지 않고, 그것에 따라 부식은 발생하지 않게 되는 것이다. 유입되는 전기량은 철의 부식 방지 성능 및 소요 비용에 큰 영향을 미치는데, 그것에 따라 인조 도료를 통한 선

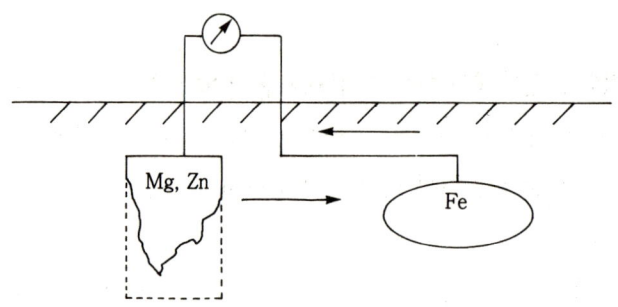

그림 5.11 철의 음극화 부식 방지

행적 부식 방지는 전기 소요량을 저하시키는 데 큰 역할을 한다.

전기 방청법은 염해를 입은 철근 콘크리트의 탈염, 즉 염소 이온의 제거에도 사용된다. 콘크리트의 물성인 다공성과 연속성에 기인하여, 내부 철근과 콘크리트 표면 사이에 직류 전류를 통하게 하여 염소 이온을 제거하는데, 일반적인 탈염 공사의 공정은 다음과 같다.

1) 내부 철근을 음극화한다.
2) 콘크리트 표면에 양극을 세트한다.
3) 양극 주위에 전도성 매개체의 층을 설치한다.
4) 직류 전류를 통한다.

## 5.3 콘크리트의 접합력 향상

보수 모르타르의 기존 콘크리트에 대한 접합력 향상을 위해 그리고 부수적으로 그들 사이의 물리적 특성차의 완충을 위해, 즉 보수 모르타르의 내구성 향상을 위해 보수 모르타르를 바르기 전에 접합력(결합력) 보강을 한다.

우선 기존 콘크리트 표면을 물로 적시어 기존 콘크리트의 물 흡수에 따른 영향력을 최대한 줄인 후 물에 젖은 콘크리트가 완전히 건조되기 전 —가장 많이 쓰이는 예로— 시멘트, 모래($\leq 0.2\,mm$), 물과 아크릴 수지 또는 에폭시 수지의 혼합물, 즉 인조 개량 시멘트 모르타르를 바르거나 솔 또는 분무 기계를 통해 콘크리트의 표면에 바른 후 적어도 약 5일간 습기의 건조를 막는다. 공사 후 요구되는 접합력은 평균 $1.5\,N/mm^2$ 정도이며, 측정된 여러 접합 강도 중

어떠한 단일 수치도 $1.0\,\text{N}/\text{mm}^2$ 보다 작아서는 안된다.

콘크리트의 보수 공사에 사용되는 모르타르의 종류와 그것에 따른 ―일반적으로 상용되는 ― 재료의 배합비를 표 5.4에 나타낸다.

콘크리트 표면에 접합력의 보강없이 보수 모르타르를 직접 바를 경우 보수 모르타르의 콘크리트 표면에 대한 접합력은 콘크리트 자체의 접합력보다 항상 큰 수치를 나타내야 한다. 이것을 검증하기 위해 인장력 시험을 실시하였을 경우 접합 부분이 아닌 콘크리트 내부에 균열이 생기면 충분한 접합력이 있는 것으로 간주한다.

"습에 습"의 원칙이 지켜지지 않을 경우, 즉 콘크리트가 완전 건조된 후 보수 모르타르를 바를 경우에는 보수 모르타르와 콘크리트의 접합 부분에 균열이 생길 수도 있다. 그러나 인조 모르타르―시멘트가 아닌 인조 재료, 예를 들면 에폭시 수지를 접합제로 사용하는―를 이용한 보수 공사시 콘크리트의 표면은 될 수 있는 한 건조한 상태를 유지해야 한다. 일반적으로 허용되는 콘크리트 표면(최고 20 mm의 깊이까지)의 함습량은 <2~3%(질량 대비) 정도인데, 이것은 상대 습도 90%에서 콘크리트가 흡수할 수 있는 최대 함습량과 거의 같은 양이다. 즉, 비나 토습(土濕)의 영향으로부터의 콘크리트 보호가 콘크리트의 건조 상태를 유지하기 위한

표 5.4 모르타르의 종류와 재료의 배합비

| 모르타르 | 배합비(부피 대비) | | | |
|---|---|---|---|---|
| | 시멘트 | 모래(mm) | 수지 | 물 |
| 접합 보강용 모르타르 I | 1 | 1(0~0.25) | 1 | 0.6 |
| 접합 보강용 모르타르 II | | 1 | 1 | |
| 보수 모르타르 (두께<10 mm) | 1 | 2(0~2)<br>0~0.25 mm : 10% | 0.2 | 0.63 |
| 보수 모르타르 (두께>10 mm) | 1 | 3(0~2)<br>0~0.25 mm : 10% | 0.1 | 0.45 |
| 보수 모르타르 (두께>10 mm) | 1 | 2(0~8)<br>0~0.25 mm : 35%<br>0.25~1 mm : 40%<br>1~8 mm : 25% | 0.3 | 0.3~0.6 |
| 보수 모르타르 (밝은 색) | 1~1.7 | 2(0.23~0.31)<br>+0.3~1(백색 시멘트) | 1 | 1.2 |
| 보수 모르타르 (어두운 색) | 1 | 1(0.23~0.31)<br>+0.02~0.05(산화철) | 1 | 1.2 |

최선의 방법으로 간주될 수 있는 것이다.

콘크리트의 함습량 측정을 위해서는 CM 기계 방법과 Darr 방법이 주로 사용되는데 해당하는 측정 방법은 다음과 같다.

- **CM 기계 방법**

채취된 콘크리트 시료를 —최고 2분간에 걸쳐— 잘게 부순 후 20 g 정도의 시료를 체(2 mm 간격)로 걸러 CM 기계에 넣고 약 5분간 강하게 흔든다. CM 기계 속에는 습기와 반응하여 가스를 생성하는 화학 물질이 들어 있는데 이것은 콘크리트가 함유하고 있는 습기와 반응하여 일정한 압력을 생성하며, 그 압력의 크기에 따라 제시된 도표로부터 콘크리트의 함습량을 읽는다.

- **Darr 방법**

습기를 함유한 상태로 채취된 시료의 무게 $m_{습기}$를 측정한 후 즉시 그 시료를 —미크로벨레(약 3분간), 또는 완전 건조 공기를 통해— 건조시킨다. 건조 상태의 무게 $m_{건조}$를 측정한 후 다음의 식을 통해 콘크리트의 함습량 $u_{질량\ 대비}$를 산출한다.

$$u_{질량\ 대비} = \frac{m_{습기} - m_{건조}}{m_{건조}} \cdot 100 \tag{28}$$

## 5.4 보수 모르타르 바르기

보수 모르타르의 공사에 앞서서 사용될 보수 모르타르가 어떠한 외부의 영향하에 있게 될 것인지의 판단은, 적합한 보수 모르타르의 종류 선택과 시행될 보수 공사의 성공 여부에 커다란 영향을 미친다. 외부 영향의 종류와 그것에 따른 보수 모르타르의 요구 조건은 다음과 같이 크게 4가지로 나눌 수 있는데 이것을 도표화하면 **표 5.5**와 같다.

- **외부 영향 M1**

콘크리트에 단순한 부분적인 훼손이 발생하였을 때 사용되는 보수 모르타르는 주로 충전의 의미를 갖고 있으며 마감 모르타르 공사를 대비해 충분한 강도를 나타내야 한다.

- **외부 영향 M2**

외부 영향 M1에서 요구되는 조건 이외에 중성화 방지와 화학물 Cl에 대한 저항 능력을 나타내야 한다.

- **외부 영향 M3**

외부 영향 M2에서 요구되는 조건 이외에 휨이나 수축에 대한 저항성, 철근과 콘크리트에 대한 강한 접착력, 내화성, 습기와 높은 온도에 대한 내성 등을 갖고 있어야 한다.

- **외부 영향 M4**

외부 영향 M2에서 요구되는 조건 이외에 일정한 강도와 내마모성을 갖고 있어야 한다.

표 5.5 보수 모르타르 공사를 위한 외부 영향의 종류 구분

| 외부 영향 | $CO_2$ 저항 | 내력 기능 | 적용 범위 |
|---|---|---|---|
| M1 | 불필요 | 불필요 | 표면의 부분적인 훼손 |
| M2 | 필요 | 불필요 | 알칼리성의 재생, 역학적 내성 |
| M3 | 필요 | 필요 | 구조적 보강, 역학적 내성 |
| M4 | 필요 | 불필요 | 높은 내마모성, 역학적 내성 |

또한 적합한 보수 모르타르의 선별시 중요한 고려 인자는 다음과 같다.
① 내구성(콘크리트에 대한 접합력, 경화시 또는 경화 후 외부 영향에 대한 내구성)
② 시공 용이성, 가격
③ 건조 수축 계수 또는 열팽창 계수(콘크리트와 유사한 정도)
④ 탄성 계수, 투습성(콘크리트와 유사한 정도)

또한, 다음과 같은 기후 조건하에서의 보수 공사는 될 수 있는 한 피한다.
① 강렬한 태양, 비가 올 때
② 온도<3℃(수지계), 온도<8℃(시멘트계)
③ 습하고 차가운 날씨

보수 모르타르의 종류는 일반적으로 크게 인조 모르타르(PC 또는 PM), 인조 개량 시멘트 모르타르(PCC 또는 PCM), 시멘트 모르타르로 나눌 수 있는데, 보수 모르타르의 종류와 그것에 따른 물리적 특성을 표 5.6에, 철근의 깊이와 마감 처리 두께에 따른 보수 시스템을 그림 5.12에, 그리고 넓은 표면의 보수 공사시 보수 모르타르의 허용 두께를 표 5.7에 나타낸다.

표 5.6 보수 모르타르의 물리적 특성

| | 인조 모르타르<br>(시멘트 : EP=1 : 3) | 인조 개량<br>시멘트 모르타르 | 시멘트 모르타르 |
|---|---|---|---|
| 압축 강도(N/mm²) | 90~120 | 35~40 | 35~55 |
| 휨강도(N/mm²) | 40~50 | 12.5~16 | 5~6 |
| 인장 강도(N/mm²) | 45 | 2~5 | 1.5~3.5 |
| E 수치(kN/mm²) | 10~12 | 9~11 | 34~39 |
| $\mu_{H_2O}$ | 20 000 | 20~30 | 15~20 |
| 물 흡수(%) | <0.3 | >5 | >1.5 |
| 접합 강도 (N/mm²) | – | >1 | 1.5 |
| 팽창 계수·$10^{-5}$<br>(mm/mm·K) | 2.5~3.5 | 1.2~1.5 | 1.0~1.2 |
| 수축 계수·$10^{-5}$<br>(mm/mm) | 60~80 | 120~200 | 50~120 |

| 마감 처리<br>두께<br>철근의 깊이 | <1 mm | <1 cm | >2 cm 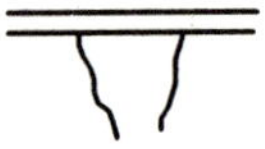 |
|---|---|---|---|
| <1 cm | 1<br>철근 부식 방지+인조 모르타르+인조 도료 | 2<br>철근 부식 방지+인조 개량 시멘트 모르타르+인조 도료 | 3<br>숏크리트 |
| >1~2 cm 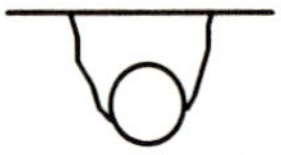 | 4<br>2와 동일 | 5<br>2와 동일 | 6<br>숏크리트 |
| >2 cm 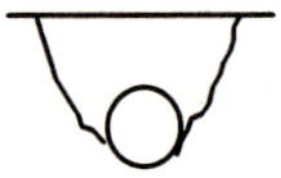 | 7<br>인조 개량 시멘트 모르타르+인조 도료 | 8<br>인조 개량 시멘트 모르타르+인조 도료 | 9<br>숏크리트 |

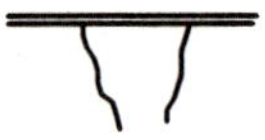

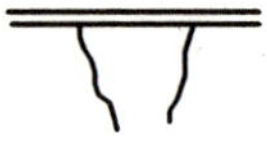

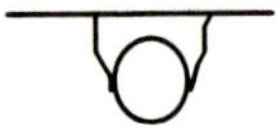

그림 5.12 철근의 깊이와 마감 처리 두께에 따른 보수 시스템

표 5.7 보수 모르타르의 허용 두께(넓은 표면의 공사시)

|  | 골재 크기(mm) | 최소 두께(mm) | 최고 두께(mm) |
|---|---|---|---|
| 시멘트 모르타르 | <4 | 20 | 40 |
| 인조 개량 시멘트 모르타르 | <4 | 10 | 40 |
| 인조 모르타르 | <4 | 5 | 15 |

## 5.4.1 인조 모르타르(Polymer Concrete=PC)

인조 모르타르(PC 또는 PM)란 에폭시(EP), Polymethacrylate(PMA), 폴리우레탄(PUR) 등을 접합제로 사용한 보수 모르타르의 일종으로 주로 특별한 경우, 예를 들면 급속한 경화가 요구되는 곳, 높은 강도를 요구하는 다리 또는 발코니 공사, 높은 내화학성과 내마모성이 요구되는 곳 등에 사용되며 일반적으로 다음과 같은 특징을 갖고 있다.

1) 콘크리트와 좋은 접착력을 가지고 있다.
2) 물, 산소, 이산화 탄소의 투과를 저지한다.
3) 시공의 비용이성, 높은 가격 등으로 단순 콘크리트 표면의 보수 공사에는 부적합하다.
4) 시멘트 모르타르보다 건조 수축률이 적다.
5) 온도의 변화에 민감하다(예를 들면 높은 온도에서는 빠르게 반응하며, 낮은 온도에서는 점성과 E 수치가 커진다).
6) 습기가 높은 부위와의 접착력은 매우 작으며, 화재 발생시 보수가 불가능하다.

## 5.4.2 인조 개량 시멘트 모르타르(Polymer Cement Concrete=PCC)

인조 개량 시멘트 모르타르(PCC 또는 PCM)는 가장 광범위하게 쓰이는 보수 모르타르로서, 시멘트가 접합제로 사용되며 수성적(水性的)으로 경화한다. 모르타르의 성능 향상 ─예를 들면 접합력 향상─을 위해 인조 재료, 즉 Acrylate나 에폭시 수지를 혼합하여 사용한다. 모르타르의 배합시 최소 요구 시멘트 함량은 약 $400\,kg/m^3$(골재의 크기<4 mm 일 때)이며, 혼합되는 인조 재료의 양은 일반적으로 시멘트 무게의 약 10%를 초과하지 않도록 한다.

인조 개량 시멘트 모르타르의 특징을 열거하면 다음과 같다.

1) 낮은 W/C 수치로 생성되어 건조 수축률이 적다.
2) 일반 콘크리트보다 약 2배의 부식 방지 효과가 있다.
3) 시멘트 모르타르와, 즉 콘크리트와 거의 같은 열 변화율을 갖는다.
4) 모르타르를 두껍게 바를 경우에는 자갈 또는 섬유 등을 섞기도 하는데, 이때 자갈의 크기(직경)는 전체 모르타르 두께의 1/5을 넘지 않도록 해야 한다.

인조 개량 시멘트 모르타르를 통한 보수 공사 후 빈번히 발생하는 결함과 그것에 해당하는 주된 원인을 나열하면 다음과 같다.

1) 낮은 강도 : 과도한 양의 물을 배합
2) 균열의 발생 : 급속한 경화와 높은 물 배합비에 따른 건조 수축
3) 접합부의 균열 : 접합력 보강 공사와 철근 부식 방지 공사(녹 제거, 도료 공사)의 결함
4) 완만한 경화 속도 : 주변의 낮은 온도

### 5.4.3 시멘트 모르타르

인조 모르타르나 인조 개량 시멘트 모르타르에 비해 부식 방지 기능이 현격히 저조하여 주로 미장 공사에 쓰인다. 그럼에도 불구하고 시멘트 모르타르로 보수 공사를 할 경우에는 2 cm 이상의 두께로 공사를 해야만 부식 방지의 효과를 기대할 수 있다. 시멘트 모르타르를 배합할 때 최소 시멘트의 양은 약 $400\,kg/m^3$에 달해야 하고, 물시멘트비는 0.5를 초과해서는 안되며, 요구되는 압축 강도는 약 $35\,N/mm^2$ 정도이어야 한다. 또한 시멘트 모르타르는 하나의 수성(水性) 모르타르로서, 즉 물을 보존하는 능력이 크다 할지라도 비닐 등을 이용해 바람이나 햇빛에 따른 급속한 건조를 방지하면서 양생하여야 한다.

## 5.5 마감 처리

보수 모르타르의 공사 후(적어도 12시간 후) 마감 모르타르 바르기 또는 도료의 공사로 보수 공사를 종료한다. 마감 처리 공사는 기존 부위와 보수된 부위와의 균일성을 제공함과 동시에 부식을 야기시키는 외부 환경으로부터의 보호를 주목적으로 이루어진다.

### 5.5.1 마감 모르타르 바르기

수성의 수지를 쓰는 보수 모르타르와는 달리 순수한 수지 ─주로 에폭시 수지─에 경화제 (주로 4 : 1(부피 대비))와 모래(주로 경제적인 의미)를 섞어 마감 모르타르를 만든다. 이때 수지와 경화제의 화학 반응에 의해 열이 발생하기도 하는데 허용된 공사 시간 ─일반적으로 약 20~30분─은 주로 상술한 화학 반응 속도에 기인하며, 공사시의 외부 온도 또한 화학 반응 속도에 큰 영향을 미친다.

일반적으로 얇게 시공되는 관계로 직경 1 mm 내의 석영 모래가 사용되는데, 5 mm 이상의 두께로 마감 모르타르 공사를 할 경우에는 굵은 석영 모래를 사용하기도 한다. 또한 모세 균열이나 건조 수축 균열이 있는 부위는 마감 모르타르에 유리 섬유나 인조 섬유 등을 섞어 그 내구성을 향상시키기도 한다.

### 5.5.2 도료의 공사

결함이 아직 발생하지 않은 또는 이미 결함이 발생한 콘크리트에 있어서 도료를 이용한 공사의 주목적은 미관의 향상과 유해한 외부 환경으로부터의 1차적인 철근 콘크리트의 보호라고 할 수 있는데, 형성되는 도료의 두께, 그리고 그 효능에 따라 다음과 같이 도료의 공사를 분류한다 (그림 5.13 참조).

3급 도료의 공사　　　2급 도료의 공사　　　1급 도료의 공사

**그림 5.13 도료의 공사 종류**

- **3급 도료의 공사**

3급 도료의 공사란 우선적으로 물과 유해 물질의 침투 방지를 위해, 그리고 부차적으로 후속하는 1급 또는 2급 도료의 공사에 있어서 도료의 콘크리트에 대한 접착력 향상, 즉 도료의 내구성 향상을 위한 발수용 도료의 공사를 주로 의미한다. 그것을 위해 일반적으로 사용되는 도료로는 점성이 작은 무색의 실리콘, 실란(monomer), 실록산(oligomer) 또는 실리콘 수지(polymer) 등을 들 수 있는데, 도료 위에서 형성되는 물의 표면 각도에 따라 $\vartheta=0°$ : 비발수, $0°<\vartheta\leq90°$ : 약발수, $90°<\vartheta\leq180°$ : 강발수로 그 성능을 구분한다.

상술한 도료의 내구성 향상을 위해 도료의 깊은 침투성, 무점성의 건조, UV 내구성, 알칼리 내구성 등이 충족되어야 하는데, 일반적으로 실록산(Siloxan) 도료는 습한 부위에도 깊이 침투하고 좋은 접착력은 물론 강한 알칼리 내구성을 갖고 있다.

그러나 실리콘(Silicon) 도료는 불화성, 비독성 등의 장점을 갖고 있음에도 불구하고, $pH<12$ 한도 내에서만 알칼리 내구성을 갖고 있으므로, 새로이 생성된 콘크리트에는 그 사용이 부적합하며 또한 장시간 물의 영향을 받는 부위에 사용할 경우에는 그 효능을 기대하기 어렵다는 단점을 갖고 있다.

실란(Silane) 도료는 비용해성의 결합을 형성하며, 재료 깊숙히 침투하고, 습한 부위에도 사용할 수 있으며 또한 알칼리에 의해 발수 성능이 형성되는 등의 장점을 갖고 있지만, 독성의 메탄올(Methanol)이 발생하는 단점을 갖고 있어 도료의 공사시 피부 보호를 위한 대책이 필요하다.

도료의 공사 후 습기 투과 저항 수치는 약 5% 증가하는 반면 흡수는 약 90% 정도 감소한

그림 5.14 3급 도료의 공사 발수 성능

다. 도료의 침투 깊이는 건축 재료의 모세관 현상 능력과 도료의 분자 크기, 분자 질량, 표면 장력, 밀도, 발수 성능 등에 기인하는데, 일반적으로 약 1.5~6 mm——콘크리트에서는 약 1.5 mm, 벽돌에서는 약 6 mm——에 달하며, 필요 도료량은 약 300~1 000 cm³/cm²——콘크리트에서는 약 300 cm³/cm², 기포 벽돌에서는 약 1 000 cm³/cm²——에 달한다.

형성되는 도료의 두께는 약 <20 $\mu$m이며, 이때 기공 입구의 차폐는 이루어지지 않지만, 기공의 크기 감소와 기공 표면의 장력 변화에 기인하여 흡수와 그것에 따른 유해 물질의 침투를 방지할 수 있다. 그러나 습기의 흡입과 투과 현상은 계속 유지된다.

- **2급 도료의 공사**

일반적으로 가장 광범위하게 사용되는 도료로는——실록산 수지, 아크릴 수지, 폴리우레탄 수지 중에서—— 유색의 아크릴 수지로서 가장 우수한 내구성(10년 이상)을 갖고 있다. 폴리우레탄 수지는 높은 이산화 탄소 투과 저항값은 갖고 있지만, 공사 전 재료 혼합(일반적으로 2가지 재료)의 비용이성에 기인하여 외벽 공사에는 쓰이지 않는 실정이다(표 5.8 참조).

표 5.8  0.1 mm 두께를 갖는 도료의 $H_2O$ 투과 저항값, $CO_2$ 투과 저항값

| 도료 | $H_2O$ | | $CO_2$ | |
|---|---|---|---|---|
| | $\mu$ | $s_d$ | $\mu$ | $s_d$ |
| 유기 도료 | $10^2 \sim 10^3$ | 0.1 | $2 \cdot 10^4$ | 2 |
| 실리콘 수지 | — | — | — | — |
| 아크릴 수지 | $10^4$ | 1 | $2 \cdot 10^6$ | 200 |
| 실록산 수지 | $10^4$ | 1 | $2 \cdot 10^6$ | 200 |
| 에폭시 수지 | $3 \cdot 10^4$ | 3 | $10^6$ | 100 |
| 폴리우레탄 수지 | $3 \cdot 10^4$ | 3 | $10^6$ | 100 |

2급 도료의 공사 후 형성되는 도료의 두께는 약 20~100 $\mu$m이며, 이때 기공 입구의 완전 차폐와 기공 내부의 불완전 차폐에 기인하여 물이나 가스의 흡수를 방지하게 되는데 주로 3급 도료의 공사와 병행하여 쓰인다.

- **1급 도료의 공사**

여러 번에 걸친 또는 단일 도료의 공사로 형성되는 도료의 두께는 약 100~400 $\mu$m(얇은 도료의 공사시) 또는 약 400~2 000 $\mu$m(두꺼운 도료의 공사시) 정도로서 도료의 공사 후 기공 입구의 완전 폐쇄가 이루어진다.

균열 발생의 우려가 있을 경우에는 높은 신축성, 높은 $CO_2$ 투과 저항 능력, 그러나 낮은 $H_2O$ 투과 저항 능력을 가진 도료가 주로 쓰이는데, 이때 제시되어야 할 습기 투과 저항값과 이산화탄소 투과 저항값은 일반적으로 다음과 같다.

$S_{d, 습기} < 2\,m$

$S_{d, 이산화 탄소} > 50\,m$

직접적인 도료의 공사 전에 시험 도료의 공사(약 1~2m²의 표면에)를 통해 필요한 도료의 양과 그것에 따라 생성되는 도료의 두께, 건조 및 경화 시간, 탄력성 및 접합력 등을 미리 알아 두어야 하는데, 간단한 접합력 시험을 위해 이른바 "칼긋기" 시험이 이루어진다. 도료의 표면을 칼로 조밀한 격자형으로 그어 도료가 떨어져 나가는 정도에 따라 표 5.9와 같이 도료의 접합력 칼긋기을 평가한다.

표 5.9 칼긋기 시험에 따른 도료의 접합력 등급

| 접합력 등급 | 0 | 1 | 2 | 3 | 4 | 5 |
|---|---|---|---|---|---|---|
| 떨어져 나간 부분 | 0% | 5% | 15% | 35% | 65% | >65% |

상술한 도료의 공사 후 여러 가지 결함들이 발생할 수 있는데 그중 주된 결함과 그것에 따른 원인을 열거하면 다음과 같다.

① 도료의 균열 : 도료 균열의 주된 원인은 첫째 콘크리트에 균열이 없을 때와, 둘째 콘크리트에 이미 균열이 존재할 때로 나누어 설명 가능하다. 첫째의 경우는 주로 경도―건조 후―가 낮은 도료에 경도가 높은 도료를 칠하였을 경우, 단순 풍화 현상이 진행되었을 경우 또는 내구성이 부족한 도료를 칠하였을 경우, 균열을 통한 물의 침투가 발생하였을 경우 등에 기인하며, 둘째의 경우는 주로 신축 도료의 불충분한 양, 즉 불충분한 도료의 두께에 기인한다(그림 5.15 참조).

② 도료의 박리 : 박리되는 도료에 콘크리트의 구성 물질이 붙어 있을 경우에는 도료가 칠해지는 기존 콘크리트의 결함―예를 들면 부식된 콘크리트―에 그 원인이 있다. 그러나 도료만 박리될 경우에는 기초 도료의 공사시 과다한 도료의 양과 급속한 건조, 콘크리트 표면에 오염 물질의 존재, 습한 콘크리트의 표면, 균열을 통한 물의 침투 등에 그 원인이 있다(그림 5.16 참조).

③ 기포의 발생 : 도료에 발생하는 기포는 수영장이나 물 탱크 등의 장시간 습한 부위에서

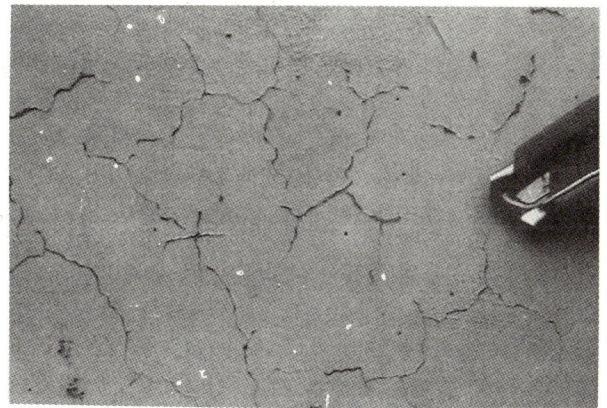

그림 5.15 균열을 통한 물의 침투에 의한 도료의 균열

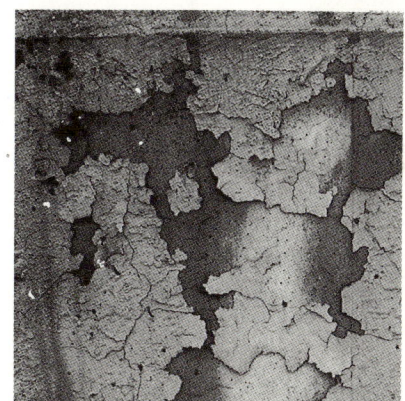

그림 5.16 도료의 박리

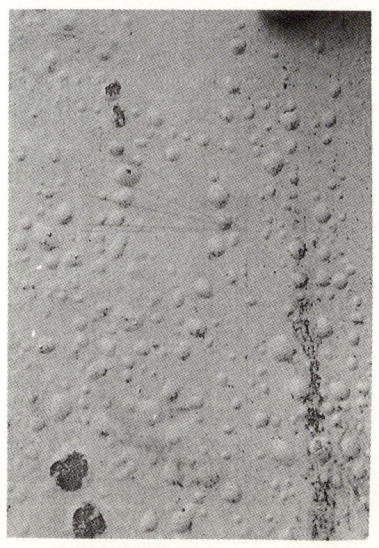

그림 5.17 장시간 습한 부위에 발생하는 도료의 기포 현상

주로 발생하는데, 이때 발생한 기포는 주로 물로 충전되어 있다. 기포 발생의 주된 원인으로는 도료와 콘크리트 사이의 불충분한 접착력과 도료의 공사 후 너무 빠른 물의 충전 등을 열거할 수 있다(**그림 5.17** 참조).

상술한 균열, 박리, 기포 이외에 도료의 공사시 발생할 수 있는 기타 결함으로는 시공자의 부주의로 인한 손자국, 배합비의 부적합, 과도한 양의 도장 및 건조 시간의 부주의에 따른 흐름, 장시간의 다습에 의한 백화 현상 등을 들 수 있다.

# 6
# 공정에 따른 보수 공사비 산출

보수 공사비의 합리적인 산출은 보수 공사의 질적 향상과 직접적인 관계를 갖고 있으며, 건축주로 하여금 보수 공사에 대한 신뢰성을 갖게 한다.

보수 공사비의 산출은 일반적으로 보수 공정의 순서에 따라 행해지는데, 각 공정에 해당하는 세부 공사비의 내역은 다음과 같다.

### 1. 작업 공간 확립과 공사 후 원상 복구

공사에 필요한 장소와 장비를 정립하고 전기와 물을 확보한다. 공사 완료 후 원래의 모습으로 복구한다.

총액 _____ 원

### 2. 지지물의 설치와 해체

공사의 용이성을 위해 비계나 창호막이 —안전을 고려하여— 등을 설치한다. 또한 공사 완료 후, 즉 비계 해체시 훼손된 건축 부위를 보수한다. 공사 기간에 따른 공공 장소의 점유비 또한 보수 공사의 단가에 합산한다.

단가 _____ 원/m²

총액 _____ 원

### 3. 방어막 씌우기

작업 공간의 미관을 위해 그리고 낙하되는 건폐물의 방지를 위해 비계를 포함해 전체 작업 공간을 막으로 씌운다. 이때 태풍이나 비바람에도 충분히 견딜 수 있는 안전성이 확보되어야 한다.

단가 _____ 원/$m^2$
총액 _____ 원

### 4. 5. 공사의 연장 가능성

공사가 연장될 경우 ─ 공정 2와 3에서 ─ 를 예측, 대비한다.

공정 2.의 단가 _____ 원/주
총액 _____ 원
공정 3.의 단가 _____ 원/주
총액 _____ 원

### 6. 콘크리트의 검사

철근의 위치와 콘크리트의 철근 피복 두께를 측정한다.

단가 _____ 원/$m^2$
총액 _____ 원

탄소화 깊이를 측정한다.

단가 _____ 원/횟수
총액 _____ 원

콘크리트의 압축 강도 ─ 일반적으로 반동 해머(슈미트 해머)를 이용해 ─ 를 측정한다(측정당 약 9~10개의 부위)

단가 _____ 원/측정
총액 _____ 원

시료를 채취해야 할 경우 상술한 단가에 합산한다.

### 7. 부식물의 제거

선택된 공사 방법 : _____

부식 부위의 깊이에 따라

부식 부위의 면적에 따라

        부식 깊이＜30 mm 일 경우  단가 _____ 원/m
                       총액 _____ 원

        부식 깊이＞30 mm 일 경우  단가 _____ 원/m
                       총액 _____ 원

        부식 깊이＜30 mm 일 경우  단가 _____ 원/$m^2$
                       총액 _____ 원

        부식 깊이＞30 mm 일 경우  단가 _____ 원/$m^2$
                       총액 _____ 원

## 8. 철근의 녹 제거 및 녹 방지

녹 제거 공법 : _____

녹 방지 도료 : _____

철근의 녹을 제거한 후 녹 방지 도료의 공사를 시행한다.

                       단가 _____ 원/m
                       총액 _____ 원

## 9. 보수 모르타르 바르기

보수 모르타르의 종류 : _____

보수 부위의 깊이에 따라

        깊이＜30 mm 일 경우   단가 _____ 원/m
                       총액 _____ 원

        깊이＞30 mm 일 경우   단가 _____ 원/m
                       총액 _____ 원

보수 부위의 면적에 따라

        깊이＜30 mm 일 경우   단가 _____ 원/$m^2$
                       총액 _____ 원

        깊이＞30 mm 일 경우   단가 _____ 원/$m^2$
                       총액 _____ 원

## 10. 마감 모르타르 바르기

모르타르의 종류 : _____

　　　　　　　　　　　　　　　　　　　단가 _____ 원/m²
　　　　　　　　　　　　　　　　　　　총액 _____ 원

## 11. 도료의 공사

도료의 색 : _____

도료의 종류 : _____

　　　　　　　　　　　　　　3급 도료의 공사 단가 _____ 원/m²
　　　　　　　　　　　　　　　　　　　총액 _____ 원
　　　　　　　　　　　　　　2급 도료의 공사 단가 _____ 원/m²
　　　　　　　　　　　　　　　　　　　총액 _____ 원
　　　　　　　　　　　　　　1급 도료의 공사 단가 _____ 원/m²
　　　　　　　　　　　　　　　　　　　총액 _____ 원

시험 도료의 공사가 불가피할 경우

　　　　　　　　　　　　　　　　　　　단가 _____ 원/m²
　　　　　　　　　　　　　　　　　　　총액 _____ 원

## 12. 균열의 보수

균열의 충전 재료 : _____

균열의 크기에 따른 보수 공사비의 산정은 ─다양한, 그리고 측정이 비용이한 균열의 깊이 때문에 (6장 참조) ─ 매우 비합리적이다. 그것에 따라 사용된 충전 재료의 양에 따른 공사비의 산정 방법이 주로 이용된다.

　　　　　　　　　　　　　　　　　　　단가 _____ 원/kg
　　　　　　　　　　　　　　　　　　　총액 _____ 원

## 13. 줄눈의 보수

줄눈 충전 재료 : _____

　　　　　　　　　　　　　　　　　　　단가 _____ 원/m
　　　　　　　　　　　　　　　　　　　총액 _____ 원

# 7
# 콘크리트의 균열

　콘크리트에 발생하는 균열이란 하나의 거시적 공극이라고 할 수 있는데, 균열이 발생하면 원하지 않는 여러 가지 결점, 예를 들면 강도 저하, 형태 변화, 미관 저하, 부식 가속, 비방수성 등이 발생한다. 또한 재방식이 어렵게 되며 보수 공사시 고도의 기술이 요구되기도 한다.

　특히 발생한 균열의 깊이가 콘크리트의 철근 피복 두께보다 클 경우 이산화 탄소에 의한 콘크리트의 중성화는 콘크리트의 표면에서부터가 아닌 내부까지 발생한 균열의 표면, 즉 콘크리트의 내부에서부터 시작되어 철근의 직접적인 부식과 그것에 따른 구조물 전체의 위험이 초래된다. 또한 발생한 균열의 폭이 클 경우에는 철근 부식 면적의 증가에 따라 철근과 콘크리트와의 부착력이 저하되기도 한다.

　균열의 발생 방향은 하중의 재하 속도 뿐만 아니라 하중의 방향에 따라서도 크게 좌우된다. 콘크리트가 자체 인장 강도의 약 60% 이상의 인장 하중을 받을 경우에는 주로 작용 하중에 수직 방향으로 균열이 발생하며, 콘크리트가 자체 압축 강도의 50~70% 이상의 압축력을 받을 경우에는 주로 작용 하중과 평행 방향으로 균열이 발생하기 시작한다. 발생하는 균열의 형태는 철근 콘크리트에서는 주로 피복이 얇은 철근을 따라서 나타나며, 프리스트레스트 콘크리트에서

그림 7.1 시공 조인트의 균열에 의한 비방수성

는 주로 종균열 형태로 발생하기도 한다.

균열을 미리 방지하기 위해서는 이미 설계적 측면에서 그리고 재료적 측면에서 그것에 대한 충분한 고려가 이루어져야 하는데 기본적인 고려 사항을 정리하면 다음과 같다.

- 설계적 측면
① 구조체에 대한 환경의 영향(온도, 습도, 일사 등의 급격한 변화)을 될 수 있는 한 작게 한다.
② 건물의 규모나 형태에 따라 Expansion joint 나 Control joint 의 설치를 고려한 구조적 분할을 유도한다.
③ 균열 발생 우려 부위는 보강 철근의 설치 등을 통해 균열의 분산을 유도한다.
④ 균열의 발생 가능성을 대비한 설비 체계를 고려한다.

- 재료적 측면
① 재료의 분리가 적어야 한다.
② 동결 융해에 대한 저항성이 커야 한다.
③ 건조 수축이나 수화 발열이 작아야 한다.
④ 인장 강도의 저하가 작아야 한다.

발생한 균열은 우선 그 크기(일반적으로 최대 크기)에 따라 위험 정도를 판단한다. 물론 작용 하중의 크기, 환경의 영향, 철근의 부식 용이도 등도 중요한 판단 요소로 작용하는데, 일반적으로 균열의 길이가 ≦0.3 mm이거나 넓이가 다음과 같을 경우

    내부에 발생한 균열          ≦0.4 mm

    외부에 발생한 균열          ≦0.25 mm

    방수 콘크리트에 발생한 균열 ≦0.20 mm

또는 상세적으로 최대 균열 폭이 표 7.1과 같을 경우에는 균열의 발생 방향—철근과 평행하게 또는 철근에 직각으로—과 상관없이 특별한 의미—콘크리트의 내구성 또는 사용 가능성의 측면에서—는 갖지 못하지만, 그보다 큰 균열은 콘크리트의 부식(열화) 방지 측면에서 신중히 다루어야 한다. 특히 압축 부위에 발생한 균열은 구조적 보강을 필요로 하는 등 인장 부위에 발생한 균열보다 보수 공사의 신중성이 더 요구된다.

  균열의 크기 제한은 콘크리트의 철근 피복 두께와도 상관성을 갖는다. 피복 두께가 증가할 경우 발생한 균열 폭이 약간 크다 할지라도 부식의 발생 정도에는 큰 영향을 미치지 못한다. 즉, 균열의 크기 제한은 증가된 피복 두께만큼 완화되어질 수 있는 것이다. 부식을 야기시키는 환경 영향의 크기에 따른 허용 균열 폭은 일반적으로 피복 두께의 0.003~0.005배 정도에 달

표 7.1 허용 최대 균열 폭의 규격값 예

| 국명 | 제안자 | 허용 최대 균열 폭(mm) |
|---|---|---|
| 일본 | 운수성 | 항만 구조물  0.2 |
|  |  | 원심력 철근 콘크리트조 |
|  | 일본 공업 규격 | 설계 휨 모멘트를 작용시  0.25 |
|  |  | 설계 휨 모멘트를 개방시  0.05 |
| 프랑스 | Brocard | 0.4 |
| 스웨덴 |  | 도로교, 사하중만  0.3 |
|  |  | 사하중+활하중 1/2  0.4 |
| 미국 | ACI 건축 규준 | 실내 부재  0.38 |
|  |  | 실외 부재  0.25 |
| 소련 | 철근 콘크리트 규준 | 0.2 |
|  |  | 상당한 침식 작용을 받는 구조물 0.1 |
| 유럽 | 콘크리트 위원회 | 방호공이 없는 구조물  0.2 |
|  |  | 방호공이 있는 구조물  0.3 |

출처 : 구태서 편저, 철근 콘크리트조의 균열 대책, 탐구 문화사

한다.

균열의 크기 변화는 온도에 큰 영향을 받는다. 온도의 상승과 함께 콘크리트는 팽창하며(열 팽창), 그것에 따라 균열의 크기는 점차 작아져 아주 미세한 균열은 다시 폐쇄되기도 한다. 이 것에 따라 균열의 발생 여부 조사는 온도가 낮을 때 행해져야 하는데, 균열 발생 부위의 손쉬운 발견 방법의 하나로 의심 부위에 물을 뿌려 본다. 이때 모세관 현상에 의해 균열이 발생한 부위에 깊숙히 흡수된 물은 균열이 없는 부위에 흡수된 물보다 천천히 건조되어 균열 발생 부위는 장시간 짙은 색을 띠게 된다.

## 7.1 균열의 발생과 원인

균열의 발생 원인은 일반적으로 크게 구조적 결함과 시공적 결함으로 나눌 수 있는데 그것에 해당하는 세부적인 균열 발생의 원인은 다음과 같다.

- 구조적 결함
① 응력에 따른 콘크리트와 철의 상이한 형태 변화
② 콘크리트의 경화에 따른 발열 현상(온도 응력)
③ 화학 수축, 건조 수축
④ 기후의 영향
⑤ 비정상 하중
- 시공적 결함
① 결함이 있는 콘크리트의 생산
② 결함이 있는 콘크리트의 충전

### 7.1.1 응력에 따른 콘크리트와 철근의 상이한 형태 변화

철근 콘크리트에 어떠한 응력 ─예를 들면 인장력─이 가해졌을 경우 철근과 콘크리트는 서로 상이한 길이 변화를 한다. 예를 들면 콘크리트는 이미 그 팽창 한도를 넘어 파열되어도 콘크리트보다 약 10배 정도의 큰 팽창 한도를 가진 철은 아직 그 응력에 상응하는 팽창이 가능하다. 이러한 상이한 길이 변화를 통한 균열 발생을 최대한 줄이기 위해 철근의 수, 즉 콘크리트와 철근과의 최적 접합 면적의 산출은 그 중요성을 갖는다.

콘크리트의 단면적($A_{콘크리트}$)에 대한 철근의 단면적($A_{철근}$) 비율, 이른바 철근 면적비 $\mu$

$$\mu = \frac{A_{철근}}{A_{콘크리트}} \tag{29}$$

가 클 경우, 즉 다수의 철근은 콘크리트의 건조 수축 현상을 방해하여 우선 철근 주위에 균열을 발생케 한다. 그러나 철근 면적비 $\mu$가 작을 경우—콘크리트에 이미 미세 균열 발생 후—가해진 인장력이 철근의 한도 응력을 초과해 철근의 단절을 초래할 수 있으며, 이것은 더 큰 균열 발생의 원인이 되기도 한다. 이것을 방지하기 위해 최소한 철근의 한도 응력($F_{철근}$)은 콘크리트의 한도 응력($F_{콘크리트}$)보다 커야 한다. 이것을 식으로 정리하면 다음과 같다.

$$F_{철근} = A_{철근} \cdot \sigma_{철근} \geq F_{콘크리트} = A_{콘크리트} \cdot \beta_{콘크리트} \tag{30}$$

여기서, $\sigma_{철근}$ : 철근의 인장력

$\beta_{콘크리트}$ : 콘크리트의 인장력

또한, 식 (29)와 식 (30)을 응용하여 상술한 최소 철근 면적비 $\mu_{최소}$가 다음과 같이 구해질 수 있다.

$$\mu_{최소} = \frac{\beta_{콘크리트}}{\sigma_{철근}} \quad (인장력) \tag{31}$$

$$\mu_{최소} = 0.4 \cdot \frac{\beta_{콘크리트}}{\sigma_{철근}} \quad (휨력) \tag{32}$$

발생하는 균열의 크기는 철근의 단면적에 영향을 받는다. 철근 면적비 $\mu$가 같다 할지라도 철근의 단면적이 작을수록 발생하는 균열의 크기는 작아진다. 그러나 그것에 따른 철근 수의 증가와 감소된 철근 사이의 간격에 따라서 철근 주위에 발생하는 균열의 수는 점차 증가하여 전체적으로 볼 때 균열의 총 크기는 거의 같아진다.

## 7.1.2 콘크리트의 경화에 따른 발열 현상

콘크리트의 경화는 화학적 발열 과정—약 20~24시간 후 최고의 발열 상태, 즉 최고의 온도에 이르는—과 그것에 따른 콘크리트 중심부와 표면 부위 사이의 온도차 $\Delta \vartheta$를 수반한다

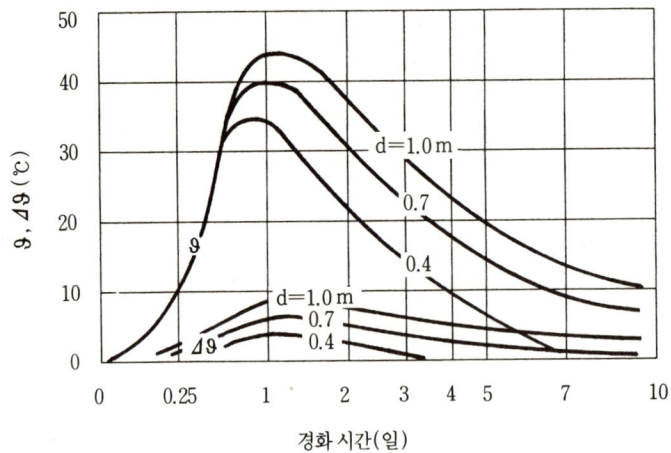

그림 7.2 콘크리트의 경화 시간과 벽체의 두께 d에 따른 중심부 온도 ϑ와 중심부와 표면 부위 사이의 온도차 Δϑ

(그림 7.2 참조).

이러한 온도차는 균열 발생의 한 원인인 인장력을 발생시키는데,

$$\sigma = E \cdot \alpha \cdot \frac{2}{3} \cdot \Delta \vartheta \tag{33}$$

여기서, $\sigma$ : 인장력

E : 탄성 계수(E-Modulus)

$\alpha$ : 콘크리트의 이완 능력(Relaxion)

그것에 따라 "발열 온도의 크기적, 시간적 조절"과 "중심부와 표면 온도차의 최소화"가 균열 발생의 근본적인 저지 방법으로 이해될 수 있다.

상술한 온도차를 줄이기 위한 방법의 하나로 콘크리트의 단열(단열 양생)을 들 수 있는데(간접 방법), 약 24시간 경화된 콘크리트에 단열을 하였을 경우 냉각 지연 현상에 의해 응력의 분해가 발생한다(그림 7.3 참조).

또한 콘크리트의 경화 발열을 콘크리트의 배합 과정에서 줄일 수도 있는데(직접 방법) 이것에 해당하는 일반적인 방법을 열거하면 다음과 같다.

1) 시멘트의 양—예를 들면 240~175 kg/m³—을 줄이고 입자가 큰 골재—예를 들면 50~150 mm—를 사용한다.
2) 콘크리트의 강도—강도가 높을수록 발열이 심하다—를 제한한다.

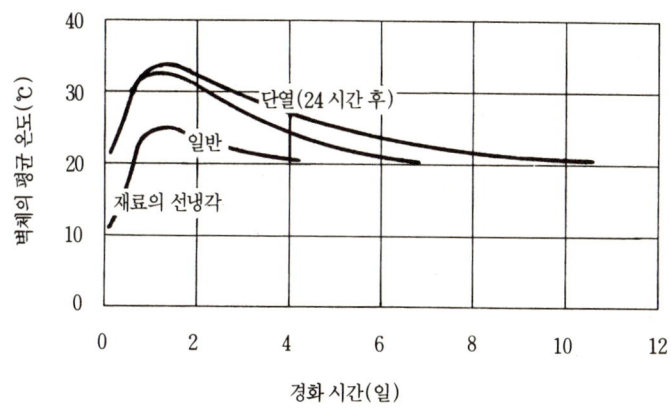

그림 7.3 단열 및 재료 냉각에 의한 경화 발열의 변화

3) 콘크리트 구성 재료의 선냉각을 통한 발열 시간의 지연으로 열팽창과 건조 수축에 의한 응력을 서로 상쇄시킨다. 예를 들면 냉각된 시멘트(10.0 K)나 물(3.6 K)이나 골재(1.6 K)를 이용하여 콘크리트를 배합하였을 경우 콘크리트의 온도는 약 1 K 저하된다(그림 7.3 참조).

## 7.1.3 수축

콘크리트에 있어서의 수축이란 하나의 비신축적인 형태 변화로, 콘크리트의 부피 감소를 결과로 초래하여 균열의 직접적인 원인이 된다. 콘크리트의 양생 중 또는 양생 후에 발생하는 수축은 일반적으로 건조 수축과 화학 수축(또는 경화 수축)으로 대별할 수 있는데, 콘크리트가 공기 중에서 양생시 수분의 증발에 의해 발생하는 수축 현상을 이른바 "건조 수축"이라고 하며, 시멘트와 물의 절대 용적이 수화 반응을 통해 감소하는 수축 현상을 이른바 "화학 수축"이라고 정의한다.

수분의 증발에 의한 건조 수축은 콘크리트가 경화하고 있을 때 뿐만 아니라 건축물의 준공 후 약 1년간에 걸쳐 진행되기도 하는데, 임의적이고 일시적인 함습과 건조의 반복에 의해 일어나는 수축에 비해 그 정도가 비교적 크다. 따라서 타설된 콘크리트가 경화되고 건조될 때까지 일어나는 수축이 콘크리트에 발생하는 균열의 주원인이라고 할 수 있으므로, 이것에 따라 콘크리트가 함유하고 있는 습기를 장시간——예를 들면 도료(막 양생)나 젖은 헝겊(습윤 양생) 등를 이용하여 —유지한다든지 높은 물시멘트비를 회피한다든지 적당한 분말도를 갖는 시멘트를 사용하는 것은 균열 발생의 사전 방지에 큰 효과를 가져올 수 있다.

### 7.1.4 기후의 영향

콘크리트에 가해지는 기후의 영향 요소 중에서 열은 습기의 영향력에 비해 그 중요성이 크다. 이것은 콘크리트의 방수성과 비교적 높은 열전도율에 기인한다고 할 수 있는데, 예를 들면 온도 변화에 의한 건축 재료의 부피 증가와 감소, 그리고 그것에 따른 응력의 변화는 균열 발생의 직접적인 원인이 되기도 한다(예를 들면 전봇대, 냉각탑, 전망탑, 굴뚝 등의 균열)(**그림 7.4** 참조).

열에 의한 응력(팽창 또는 수축)을 계획·설계 단계에서 사전에 고려하지 않았을 경우(예를 들면 응력에 따른 형태 변화를 구조적으로 미고려, 상응하는 신축 줄눈의 미비 및 부적합한 간격으로 배치 등), 그리고 이 응력이 콘크리트의 형태 변화 또는 균열의 형성으로 경감되었을 경우에는 그 건축물의 사용 가능성, 내구성, 그리고 안전성 등의 문제가 야기된다. 그러나 열에 의한 응력의 발생은 피할 수 없는 하나의 현상이며, 사전 예측이나 계산이 하중에 의한 응력의 계산보다 용이하지 않다는 난점을 갖고 있다.

**그림 7.4** 온도에 의한 응력 발생에 따른 전봇대의 균열

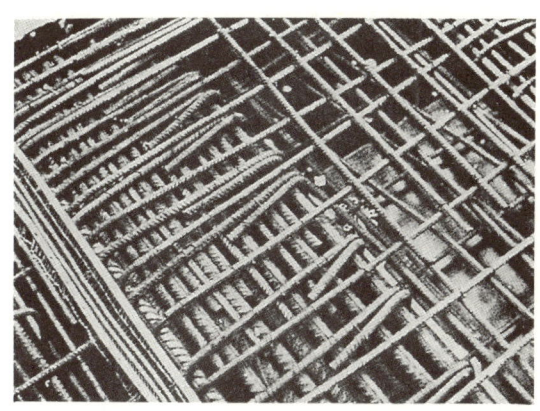
그림 7.5 콘크리트의 비용이한 충전을 야기시키는 밀도
높은 철근의 배근

### 7.1.5 결함이 있는 콘크리트의 생산

결함이 있는 콘크리트 생산의 대표적인 예로, 낮은 강도의 콘크리트, 높은 물시멘트비로 생성된 콘크리트, 혼화제가 균질하게 분산되지 않은 콘크리트, 높은 발열 과정을 거쳐 경화된 콘크리트, 유해 불순물을 포함한 골재를 사용한 콘크리트 등에서는 균열 발생의 가능성이 크다.

### 7.1.6 결함이 있는 콘크리트의 충전

결함이 있는 콘크리트 충전의 대표적인 예로, 밀도 높게 배근된 철근 부위에 콘크리트를 충전하였을 때(그림 7.5 참조), 다짐이 충분히 이루어지지 않았을 때, 장시간에 걸친 진동 다짐과 그것에 따른 재료의 분리가 발생하였을 때에는 균열의 발생 가능성이 점차 증가된다.

## 7.2 균열의 보수

### 7.2.1 균열 보수의 일반적 개념

균열의 보수란 다음과 같은 목적을 위한 이른바 "균열을 통해 생긴 틈의 충전"이라고 할 수 있다.

막기 충전 : 부식을 야기시키는 유해 물질의 침투 방지 및 압밀성의 재생

신축 충전 : 동적 균열에 상응하는 균열 충전

응력 충전 : 응력의 재생을 위한 인장력의 보충

균열 보수 공법은 충전 재료 및 충전 방법에 따라 일반적으로 다음과 같이 분류할 수 있으며,

1) 비가압 충전, 충전 재료(에폭시 수지 EP-T)
2) 가압 충전, 충전 재료(에폭시 수지 EP-I)
   충전 재료(폴리우레탄 수지 PUR-I)
   충전 재료(아교 시멘트 ZL-I)

그것에 따른 공사의 요구 조건은 표 7.2와 같으며, 이때 사용되는 충전 재료는 일반적으로

표 7.2 균열의 충전 재료에 따른 공사 조건

|  | EP-T | EP-I | PUR-I | ZL-I |
|---|---|---|---|---|
| 균열의 넓이 W | >0.1 mm | >0.1 mm | >0.1 mm | >3 mm |
| 균열의 변화 | 불허 | <0.1 W | <0.25 W | 불허 |
| 균열 부위의 습도 | 건조 | 건조, 습함 | 습함 | 축축함 |

다음과 같은 요건을 총족해야 한다.

1) 높은 모세 현상
2) 낮은 점유성
3) 시공의 용이성, 작은 부피 감소
4) 높은 접착력, 높은 내풍화성과 내화학성
5) 휘발성 구성 재료<2%(무게 대비)(반응 수지에 있어서)

상술한 균열의 보수 방법을 세부적으로 열거하면 다음과 같다.

• 막기 충전

균열의 막기 충전은 크게 비가압식과 가압식으로 나눈다. 주로 사용되는 충전용 재료로는 에폭시 수지, 폴리우레탄 수지, 아교 시멘트로서 균열의 충전 공사에 앞서서 압력 공기나 흡진기 등을 이용하여 오염 물질이나 부식 물질 등의 제거가 이루어져야 하며, 또한 충전 재료의 온도에 따른 경화 시간을 고려하여 끊이지 않는 충전 재료의 공급이 이루어져야 한다. 요구되는 균열의 충전 깊이는 균열 넓이의 약 15배 또는 약 5 mm 정도이다.

- **신축 충전**

균열의 신축 충전에 주로 사용되는 충전 재료는 폴리우레탄 수지로서 충분한 접착력과 강한 내구성(물의 침투시)을 갖고 있어야 한다. 그러나 이미 물의 영향을 받고 있는 균열은 우선 짧은 시간($<60\,\text{s}$) 안에 거품을 형성하는 폴리우레탄 수지를 주입시킨 후에 신축 충전 공사를 시행하여야 한다.

- **응력 충전**

사용되는 충전 재료는 에폭시 수지로서 균열의 충전에 앞서서 균열 부위의 청결과 건조 상태의 유지 그리고 충전 재료의 외부 유출을 방지하기 위한 균열 표면의 폐공 공사가 이루어져야 한다. 만일 동적 균열인 경우에는 그것에 상응하는 재료를 사용해야 한다.

### 7.2.2 발생 시기에 따른 균열의 보수

철근 콘크리트에 발생하는 균열은 그 발생 시기에 따라 다음과 같이 분류할 수 있으며,
1) 경화 중 발생하는 균열
2) 경화 후 발생하는 균열
3) 완전 경화 후 발생하는 균열

그것에 따른 일반적인 보수 방법은 다음과 같다.

#### 7.2.2.1 경화 중 발생하는 균열의 보수

경화 중 발생하는 균열이란 콘크리트 자체의 경화 수축에 의해 발생하는 균열을 의미하는데, 예를 들면 —아직 유동성을 가진 콘크리트에— 추가 진동을 가하여 균열을 제거한다.

#### 7.2.2.2 경화 후 발생하는 균열의 보수

콘크리트의 경화가 대부분 진행되어 진동의 효과가 거의 없을 경우에는 다음의 방법을 이용하여 균열을 보수한다.
1) 균열을 시멘트로 충전한 후 물을 뿌려 균열을 막는다.
2) 다음의 배합비(시멘트 : 모래($0\sim0.25\,\text{mm}$) : 물 : 유화제 $= 2 : 0.5\sim1 : 1.3 : 0.002$ (약 $1.5\,\text{g}/1\,\text{kg}$ 시멘트)(부피 대비))로 만들어진 시멘트 모르타르를 이용해 균열을 막

는다.

### 7.2.2.3 완전 경화 후 발생하는 균열의 보수

콘크리트의 완전 경화 후 발생하는 균열의 대표적인 보수 공법으로는 다음과 같은 것이 있다.

1) 표면 처리 공법(주로 구조적 회복이 필요치 않을 경우)
2) 충전 주입법(주로 강도의 회복을 목적으로 할 경우)
3) 강재 앵커법(일명 짜집기법, 주로 보강을 목적으로 할 경우)
4) 프리스트레스 공법(일명 보강 철근 이용법, 주로 보강을 목적으로 할 경우)

보수 공법을 선정할 때 균열의 폭, 균열의 깊이, 균열의 관통 여부, 누수나 습기의 유입 여부, 구조적 내력의 필요성, 시공 장소의 기후 조건 등은 중요한 영향 요소로 작용한다.

상술한 공법 중에서 가장 일반적으로 상용되는 균열의 보수 공법은 충전 주입법으로, 일반적으로 에폭시 수지(응력의 전달이 요구될 때)나 폴리우레탄 수지(동적(動的)인 균열에, 습한 부위에)를 이용해 균열을 충전한다. 이때 보수 재료의 침투 깊이는 다음의 사항에 크게 영향을 받는다.

1) 수지의 점성과 그것에 따른 모세 현상
2) 중력의 방향과 균열의 크기
3) 보수 재료의 양

인조 재료를 이용한 균열의 보수 방법은 일반적으로 크게 다음과 같이 2가지 시스템으로 나눈다.

- **중력 및 모세 현상 시스템**

중력이나 모세 현상을 이용해 점도가 낮은 인조 재료(주로 수지계)를 균열 부위에 주입시키는 방법으로 균열의 약 5~20 mm 깊이까지 흡입된다. 발생한 균열이 클 경우에는 수지에 시멘트를 1 : 1 또는 1 : 2로 섞어 사용하기도 하는데, 이때 점성이 감소하는 단점은 있지만 매우 경제적인 방법의 하나이다.

균열의 충전은 주로 밑부분에 위치한 균열부터, 균열의 넓은 부위부터 주입을 하거나, 균열 부위에 약간의 경사를 갖는 구멍(일반적으로 직경 5~15 mm, 깊이 20~50 mm, 간격 50~100 cm)을 뚫어 주입하는 방법이 있다.

그림 7.6 균열 충전의 용이를 위한 균열 넓이의 확충

그림 7.7 중력 및 모세 현상을 이용한 균열의 충전

그림 7.8 중력 및 모세 현상을 이용한 균열의 충전

● 압입 시스템

압력 —낮은 압력 20 bar(2 N/mm²) 또는 높은 압력 1 000 bar(100 N/mm²)—을 이용해 균열의 깊은 부위까지 수지 —균열의 크기가 작을 경우— 또는 미세한 인조 개량 시멘트 모르타르 —균열의 크기가 3 mm 이하일 경우— 를 침투시키는 방법으로 다음과 같은 순서로 균열의 보수 공사를 실시한다.

① 균열 부위에 구멍(일반적으로 직경 17 mm, 간격 15~50 cm)을 뚫는다.

그림 7.9 균열의 보수 공사

② 구멍에 직경 약 16 mm의 파커를 심는다.
③ 파커 사이의 균열 표면을 막는다.
④ 압력을 이용해 수지를 쏘아 모든 균열을 —밑부분의 균열부터— 충전시킨다.
⑤ 파커를 해체하고 구멍을 막는다.
⑥ 미관을 고려한 마감 처리 공사를 한다.

그외 균열의 보수 방법으로는 다음과 같은 것이 있다.

ⅰ) 발수 공사

실리콘류의 도료를 칠하여 균열(<0.3 mm)의 건조한 상태를 유지함과 동시에 그후 칠해지는 도료의 접착력을 증가시킨다.

ⅱ) 신축 도료의 공사

신축성 있는 도료를 이용해 외관적 그리고 기술적 결함을 제거할 수 있는 보수 방법으로, 특히 화학적 영향이 있는 경우 또는 보수 공사 후 균열이 재발한 경우 또는 재발할 우려가 있는 경우 등에 유용하게 사용된다.

## 7.3 균열 보수의 감리·검사

균열의 보수 공사에 대한 합리적인 감리·검사는 보수 공사의 성공 여부, 즉 보수 공사의 품질에 큰 영향을 미친다. 감리·검사를 위한 시험 대상과 시험 종류 및 방법은 표 7.3과 같다.

표 7.3 균열 보수 공사의 감리·검사를 위한 시험 대상, 종류 및 방법

| 시험 대상 | 시험 종류 및 방법 | 시험 시기 |
|---|---|---|
| 재료 | | |
| 충전 재료 | 납품서, 상품 설명서, 육안 | 매납품시 |
| 저장 | 상품에 따른 저장 지침서 | 지정시 |
| 성분 | 상응하는 실험 | 보수 공사 전 |
| 콘크리트 표면 | | |
| 작업 계획서 | 보수 공사의 지침서 | 보수 공사 전 |
| 온도, 균열 넓이와 변화 | 7장 참조 | 보수 공사 전 |
| 보수 공사 | | |
| 작업 계획서 | 보수 공사의 지침서 | 보수 공사 전 |
| 기후 조건 | 보수 공사의 지침서 | 보수 공사 전 |
| 파커 | 관통성 검사 | 매균열마다 |
| 균열 표면 막기 | 치밀성 검사 | 매균열마다 |
| 충전 재료의 점도 | 상응하는 실험 | 매혼합마다 |
| 충전 기계 | 모래 기둥의 충전 실험 | 공사 전 |
| 균열의 충전 | 이웃한 파커에서의 충전 재료 유출 | 매균열마다 |
| 공사 후 균열의 충전 | 균열의 충전도 검사 | 위탁자와 협의 |

그림 7.10 균열의 충전

# 8
# 보수 공사의 품질

보수 공사의 품질은 하자의 원인 분석에 따른 적합한 보수 시스템의 선택 및 적용 뿐만 아니라 전체 보수 공정의 체계적인 감리·검사와도 밀접성을 갖는다. 보수 공사의 감리·검사를 위한 대상과 방법론을 열거하면 다음과 같다.

## 8.1 인력과 기자재

보수 공사를 수행하는 인력은 크게 전문 기획사, 현장 책임자, 공사 책임자로 분류되는데, 자격에 대한 전제 조건으로 그들 모두 보수 공사에 관한 충분한 지식과 성공적인 경험을 소유하고 있어야 한다.

- 인력
① 전문 기획사
보수 공사와 보수 재료에 관한 총괄적인 계획 책임자로서 다음과 같은 업무를 수행한다.

그림 8.1 건축 부위의 온도 측정

ⅰ) 콘크리트 및 기타 건축 재료의 공학적, 구조적 그리고 건축 물리학적 측면에서 보수 대상물 자체 및 발생한 부식의 원인에 대해 감정한다.

ⅱ) 보수 공사의 시스템과 보수 공사의 계획(실행 가능성의 여부, 효능 및 내구성, 안전성 등) 및 감리·검사의 방법 등을 수립한다.

ⅲ) 다른 협조 분야의 추가적 투입 여부를 결정한다.

ⅳ) 보수 공사에 투입되는 현장 인부들의 자격 요건을 심사한다.

② 현장 책임자

모든 현장에는 보수 공사에 관한 폭넓은 지식과 경험을 갖춘 현장 책임자(현장 전문가)가 배치되어야 하며, 그의 중요 업무는 다음과 같다.

ⅰ) 보수 공사의 실제적 수행을 책임

ⅱ) 현장 인부들에 의해 수행되고 있는 보수 공사의 감리·검사 수행

ⅲ) 보수 공사에 투입된 전체 인력에 대한 조직적 운영

ⅳ) 보수 공사에 필요한 시험의 수행 및 결과의 평가

③ 공사 책임자

보수 공사의 체계적이고 계획적인 수행을 총괄적으로 지휘, 감독한다.

● 기자재

기자재가 사용되는 보수 공사의 분야를 분류하면 다음과 같다.

① 재료의 저장

② 기존 콘크리트의 표면 처리

③ 보수 재료의 배합 및 시공

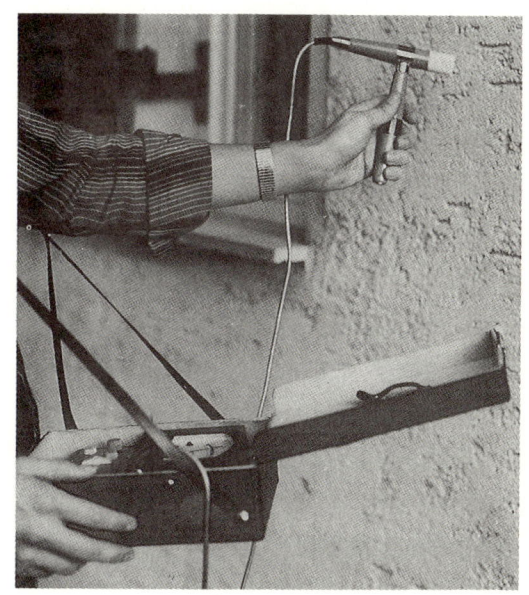

그림 8.2 건축 부위의 온도 측정

④ 미장 공사
⑤ 측정 및 시험

사용되는 모든 기자재는 사용 전 또는 사용 후 일정한 간격으로 공인 기관의 검사를 받아 적합한 시기에 무리없이 투입, 작동될 수 있도록 사전에 준비해야 한다.

## 8.2 보수 공사의 감리·검사

감리·검사의 대상은 건축 재료, 건축 부위 그리고 건축 종류별로 구분할 수 있는데, 자체 감리·검사일 경우에는 현장 책임자와 함께, 위부 위탁 감리·검사일 경우에는 주로 감리 회사와의 협의하에 이루어진다.

### 8.2.1 자체 감리·검사

- 공사의 문서화

공사 책임자는 보수 공사의 모든 공정을 하나의 건축 일지 형태로 문서화하여야 하는데, 이것은 일반적으로 다음과 같은 내용을 포함하고 있어야 한다.
① 보수 공사의 시작과 종료
② 온도와 습도(공기, 보수 재료 및 건축 부위), 공사가 불가능(비 또는 서리 등에 의해) 했던 일수
③ 보수 재료(종류, 생산업자, 생산 날짜, 특성 등)
④ 보수 공사의 계획에 따른 공사의 진행도
⑤ 공사에 투입되는 기자재의 작동 여부
⑥ 기존 콘크리트 표면과 보수 부위의 상태 및 시험 결과
⑦ 보수 공사 및 감리·검사에 참여한 인력의 인적 사항

상술한 방식으로 문서화된 건축 일지는 항상 현장 보존되어야 하며, 특히 감리·검사를 위한 제출 요청에 대비해야 한다. 또한 공사가 종료된 후에도 약 5년간은 특별한 상황의 발생을 대비해 보존되어야 한다.

- 감리·검사의 종류, 범위 및 빈번도

하나의 예로 콘크리트에 있어서 감리·검사의 종류, 범위 및 빈번도를 **표 8.1**에 나타낸다. 그러나 확신을 할 수 없거나 의심스러울 경우 또는 요구되는 성능에 미치지 못하거나 하자가 발생하였을 경우에는 실제 시험을 수행하여 원인 분석과 함께 그것에 따른 하자 보수가 신속히 이루어지도록 해야 한다.

## 8.2.2 외부 위탁 감리·검사

감리·검사 대행업체는 우선 인력과 기자재의 측면에서 원하는 감리·검사가 합리적이고 기능적으로 이루어질 수 있는지를 평가해야 하는데, 그것을 위해 우선적으로 다음과 같은 사항이 검토되어야 한다.
1) 전문 기획사, 현장 책임자 및 공사 책임자의 인적 사항 및 변동 사항
2) 보수 공사업체
3) 보수 공사의 종류
4) 보수 공사에 사용된 재료

보수 공사에 속한 모든 공정들은 원칙적으로 최소 한 번씩 감리·검사를 받아야 하는데, 그

표 8.1 콘크리트에 있어서 감리·검사의 종류, 범위 및 빈도

| 시험 대상 | 시험의 종류 및 방법 | 시기 시기 |
|---|---|---|
| 재료 | | |
| 시멘트 | 납품서, 상품 설명서, 육안 | 매납품시 |
| 골재 | 납품서 | 매납품시 |
| | 육안(종류, 조립률, 오염 물질 등) | |
| | 체가름 시험 | |
| 혼화제, 섬유, 색소 | 납품서, 상품 설명서, 검사 필증 | 매납품시 |
| 물 | 경화 저해 성분 | 식수용 이외일 경우 오염 여부 의심시 |
| 콘크리트 표면 | | |
| 작업 계획서 | 보수 공사의 지침서 | 보수 공사 전 |
| 콘크리트 표면 | 육안 | 보수 공사 전 |
| | 표면 인장 강도 | 200 m³ 마다 3번 |
| 콘크리트 | | |
| 성분 | 배합비 | 보수 공사 전 |
| 견고성, 밀도성 | 슬럼프 시험 | 매배합마다 |
| 함수량 | 보수 공사 전 | |
| 압축 강도 | | 매 7일마다 |
| 투수성 | | 최소 3개 시험체 |
| 보수 공사 | | |
| 작업 계획서 | 보수 공사의 지침서 | 보수 공사 전 |
| 기후 조건 | 온도, 습도(공기, 콘크리트 표면) | 공사 진행 중 |
| 기자재 | | |
| 시멘트, 골재, 혼화제, 색소, 물 등의 시험을 위한 기자재의 성능과 정확도를 검사한다. | | |

빈도는 감리·검사자의 견해와 감리·검사의 결과에 따라 좌우된다. 그러나 이때 자체 감리·검사의 신뢰도와 보수 공사의 시스템에서 요구되는 규정의 준수성, 공사 일지, 자체 감리·검사의 결과 서류, 공정 서류, 기자재의 효능적 작동 여부, 보수 재료의 납품 일자 등을 충분히 고려한 결정이 이루어져야 한다. 또한 보수 재료의 특성 및 저장, 전문 인력의 적성과 교육 등도 감리·검사의 중요한 고려 대상이 된다.

상술한 문서를 통한 감리·검사 이외에 보수 재료 및 보수 공사의 품질에 대한 실제적 감리

· 검사를 위한 시험체는 현장에서 직접 만든다. 그러나 자체 감리·검사에서 이미 발견된 하자 부위는 여기서 제외되는데, 시험체를 통한 시험을 수행한 후 적어도 다음의 사항을 포함한 시험 결과서가 작성되어야 한다.
1) 공사업체와 현장
2) 건축 부위
3) 보수 재료
4) 시험체의 수와 특징
5) 서명

또한 모든 감리·검사를 수행한 후 종결적으로 다음의 사항을 포함한, 그리고 최소 5년간 보존되어야 할 최종 감리·검사 보고서가 작성되어야 한다.
1) 공사업체, 현장, 건축 부위
2) 보수 공사의 종류 및 공정
3) 전문 인력, 현장 책임자, 공사 책임자
4) 보수 재료의 종류 및 특성
5) 기자재에 대한 효능성 검사
6) 자체 감리·검사의 결과에 대한 의견 및 평가
7) 시험체 채취에 대한 기술
8) 감리·검사에서 수행한 시험의 결과
9) 시험 날짜, 서명, 시험업체의 스템펠

## 8.3 보수 공사에 대한 개별적 감리·검사

개별적 보수 공사에 대한 감리·검사는 일반적으로 콘크리트의 표면, 보수 모르타르 및 보수 콘크리트, 그리고 마감 처리의 측면에서 다음의 항목에 따라 수행한다.

- 콘크리트 표면에 있어서

육안 검사, 표면 인장력, 탄소화 깊이, 콘크리트의 철근 피복 두께, 철근의 위치와 굵기, 염분의 함량, 함습량, 물의 흡수, 거칠기, 균열, 기후 조건(온도, 습도) 등

- 보수 모르타르 또는 보수 콘크리트에 있어서

골재 : 골재의 성분, 조립률, 함습량 등

모르타르 : 밀도, 공극률 등

콘크리트 : 밀도, 공극률, 콘크리트 성분, 함수량, 압축 강도, 투수성 등

숏크리트 : 밀도, 물시멘트비, 콘크리트 성분, 압축 강도 등

- 마감 처리에 있어서

마감층의 두께, 접합 강도, 칼긋기 시험 등

### 8.3.1 콘크리트 표면의 감리·검사

- 육안 검사

육안 검사로 다음의 존재 여부를 확인한다.

① 자갈의 이탈 등에 의한 공동 부위

② 모서리 부분이나 뾰족한 부위

③ 탈사, 탈분

④ 완습 현상

⑤ 이끼 등의 미생물

⑥ 오염 물질, 예를 들면 기름, 파라핀, 도료

⑦ 모르타르층의 풍화

⑧ 균열

또한 콘크리트의 표면에서 가까운 부위의 하자, 예를 들면 일정한 두께를 갖는 표면층 밑에 공동이 형성되어 있는지를 망치 등을 이용하여 두들겨 보든지, 분진 형성, 탈사 등의 현상을 접착력 있는 테이프 등을 이용하여 검사한다.

- 콘크리트의 철근 피복 두께, 철근의 위치와 두께의 측정

콘크리트의 철근 피복 두께, 철근의 위치와 두께는 비파괴 시험 기계를 이용하여 측정, 기록한다. 이때 사용되는 기계는 정확도의 검사를 위해 우선 콘크리트에 둘러싸이지 않은 철근을 이용해 시험해 본다. 단, 파괴 검사는 예외적인 경우에만 이루어진다.

- 콘크리트 표면의 함습량 측정

전기 건조기(예로 Hair dryer) 등을 이용하여 콘크리트 표면을 건조시켜 본다. 이때 습기를 많이 포함한 콘크리트의 표면은 건조 전과 대비해 밝은 색을 나타낸다.

- **CM 기계를 이용한 콘크리트 표면의 함습량 측정**

상술한 바와 같이 콘크리트 표면으로부터 약 <2 cm의 깊이에서 채취한 콘크리트의 조각을 신속히 분쇄한 후 체(2.0 mm)로 거른다. 일정한 양의 콘크리트 시료(약 10 g~50 g)와 탄소칼슘(Calciumcarbonat)을 기밀한 압력 용기에 담아 흔들면 그들 상호의 화학 반응으로 인해 아세틸 가스가 생성되는데, 이때의 압력은 시료의 함습량에 비례한다.

- **흡수 측정**

눈금이 있는 유리관을 원하는 부위에 한쪽면 방수적으로 부착시킨 후 일정한 양의 물을 유리관 안에 채운다. 건축 재료의 흡수에 따른 유리관 안의 물의 감소량을 시간의 변화에 따라 측정한다. 측정 장소의 선택은 측정하고자 하는 건축 부위를 대표할 수 있는 곳이어야 하며, 건축 부위마다 적어도 6군데의 측정이 이루어져야 한다(**그림 8.3** 참조).

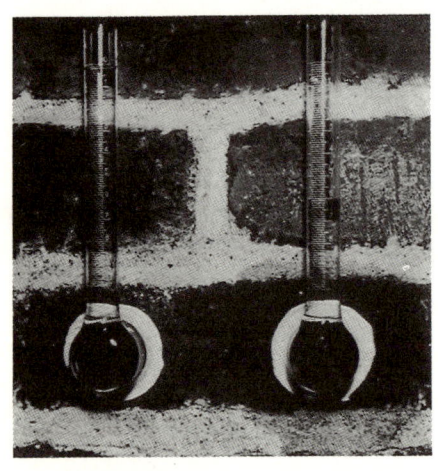

그림 8.3 흡수 시험

- **거칠기 측정**

실제 보수 공사를 위한, 즉 보수 모르타르를 바르기 위한 기존 콘크리트 표면을 준비한 후 표면의 평균 거칠기 정도를 측정한다.

일정한 부피 V를 갖는 모래(0.2~0.5 mm)를 원형(직경 d)으로 콘크리트 표면에 깔면 거칠은 요철 부분의 충전과 함께 실린더 형태의 모래탑이 형성되는데 그 높이에 따라 콘크리트 표면의 거칠기 정도 $R_t$, 즉 콘크리트 표면의 요철 깊이가 측정된다. 측정 장소는 콘크리트 표면을 대표할 수 있는 곳이어야 하며, 건축 부위마다 적어도 3군데 이상에서 측정이 이루어져야 한다.

- 균열의 측정

균열의 넓이와 변화의 측정에 앞서서 또는 측정이 진행되고 있는 동안 날짜, 시간, 기후 조건(공기 온도, 비 등), 건축 부위의 온도(균열 부위의 표면 및 내부), 교통량 등에 관한 측정이 우선적으로 이루어져야 하는데, 이것은 균열의 발생 및 변동에 관한 중요한 자료로 이용된다. 균열의 넓이와 변화는 육안을 통해 또는 기자재를 이용해 측정하는데, 균열 확대경(0.1 mm 눈금이 표시되어 있음)을 이용할 경우에는 0.01 mm, 기계적 또는 전기적 원리를 이용한 측정 기계를 이용할 경우에는 0.001 mm의 정확도를 갖는 측정이 가능하다.

- 기후 조건

공기의 온도 : 온도의 측정은 수은 온도계, 전기 디지털 온도계, Bimetall 온도계 등이 주로 이용되는데, 온도의 변화가 큰 곳은 Recorder를 설치해 계속적인 온도 측정이 가능하도록 한다. 측정시 온도계는 직사 광선을 피하여 될 수 있는 한 보수 공사가 시행되고 있는 부위로부터 가까운 곳에서 약 $>2\,^\circ\mathrm{C}$의 온도 변화가 있을 때마다 측정한다.

공기의 상대 습도 : 주로 정확도 1%를 갖는 습도계를 이용해 공기의 상대 습도를 측정한다. 그러나 측정에 앞서서 습도계의 정확성을 검사해야 하는데, $20\,^\circ\mathrm{C}$의 NaCl 포화 용액 위에서 75%의 상대 습도를, 그리고 습한 헝겊을 습도 감지기에 둘러쌀 경우 95~98%의 상대 습도를 나타내면 사용 가능한 것으로 간주한다.

- 건축 부위의 온도

접촉 감지기가 있는 온도계를 이용하여 기존 콘크리트 표면의 온도를 측정하며, 건축 부위에 직경 8 mm, 깊이 50 mm의 구멍을 뚫어 콘크리트 내부의 온도를 직접 측정하기도 한다. 이때 구멍의 표면 부위는 단열을 하여 정확한 내부 온도의 측정이 가능하도록 해야 한다.

## 8.3.2 보수 모르타르, 보수 콘크리트의 감리 · 검사

- 골재의 함습량 측정

골재의 함습량 측정은 일반적으로 전술한 Darr 방법을 이용하여 이루어진다. 약 3 500 g의 골재 시료를 완전 건조될 때까지 그리고 더 이상 서로 붙지 않을 때까지 휘저으면서 열을 가한다. 골재가 식은 후 다시 무게를 측정하여 식 (28)에 따라 골재의 함습량(무게 대비)을 구한다.

$$골재의\ 함습량 = \frac{건조\ 전\ 무게 - 건조\ 후\ 무게}{건조\ 후\ 무게} \cdot 100$$

기타 모르타르나 콘크리트에 관한 물리적 성질의 측정은 해당하는 시험법을 이용한다.

### 8.3.3 마감 처리의 감리·검사

• **마감 처리 두께의 측정**
① 직경 약 <50 mm의 코어를 떠서 확대경이나 현미경 등을 이용하여 두께를 측정한다.
② 비파괴 측정의 한 방법으로, 마감 처리 표면을 기존 표면까지 경사 깎기를 한 후 해당하는 측정 기계를 이용하여 두께를 측정한다.

• **접합력의 측정**

접합력이란 마감 처리된 재료를 기존의 콘크리트로부터 분리하는 데 필요한 마감 처리 재료와 직각적으로 작용하는 인장력을 의미한다.

직경 50 mm, 깊이 5~10 mm(마감 처리 재료를 제외한 기존 콘크리트에서)인 원형의 홈을 판 후 그 위에 철 스템펠(직경 50 mm, 두께 25 mm)을 반응성 수지를 이용해 견고히 접착시킨다(**그림 2.1** 참조). 강한 마감 재료일 경우 초당 약 0.05 N/mm²의 힘으로, 강하지 않

그림 8.4 접합 강도의 측정

은 마감 재료일 경우 초당 0.15 N/mm²의 힘으로, 즉 직경 50 mm의 스템펠에 있어서 100 N/s, 300 N/s의 힘으로 파열 분리가 일어날 때까지 철 스템펠을 당긴다.

실험의 종료 후 파열 분리가 발생한 부위에 따라 일반적으로 다음과 같이 파열의 종류를 분류한다.

    B : 콘크리트에서 파열 분리

    B/D : 콘크리트와 마감 재료 사이에 파열 분리

    D1/D2 : 첫 번째와 두 번째 마감 재료 사이에 파열 분리

    D : 마감 재료에서 파열 분리

    D/K : 마감 재료와 접착제 사이에 파열 분리

    K : 접착제에서 파열 분리

    K/S : 접착제와 철 스템펠 사이에 파열 분리

실제 접합력의 계산에서는 단지 파열 분리 B/D 또는 D1/D2 만을 유효한 실험값으로 간주하지만, 콘크리트나 마감 재료의 강도가 그리 높지 않을 경우에는 파열 분리 B 또는 D 역시 유효한 실험값으로 간주할 수도 있다.

파열 분리가 발생했을 당시의 주어진 힘 F와 함께 접합 강도 $\beta_{BZ}$를 다음과 같이 산출하며,

$$\beta_{BZ} = \frac{4 \cdot F}{\pi \cdot d^2} \quad (N/mm^2) \tag{34}$$

시험의 종결 후 다음 사항을 포함한 시험 결과 보고서가 작성되어야 한다.

① 시험 날짜

② 건축 현장, 긴축 부위

③ 실험 부위의 위치와 특징

④ 마감 재료의 종류

⑤ 철 스템펠의 직경

⑥ 기후 조건

⑦ 시험 부위의 준비

⑧ 파열 분리의 발생

⑨ 힘 F와 측정된 접착력

● 공극률의 측정

공극률의 측정을 위한 시험체는 현장에서 직접 준비한다. 사용되는 마감 재료를 적어도 50 cm×50 cm×3 mm의 크기로 준비한 후 적당한 크기로 자른다. 준비된 시험체를 특수 용액이 들어 있고 눈금이 있는 용기에 담가 시험체의 부피를 고려한 특수 용액의 감소량에 따라 시험체의 공극률을 측정한다.

- 칼긋기 시험

4개의 칼날(간격 4 mm)이 달려 있는 공구를 이용하여 수평, 수직으로 줄눈을 그어 떨어져 나가는 부위의 정도를 측정한다. 이어서 약 30 mm 넓이의 테이프를 줄눈이 그어 있는 부위에 일정한 압력으로 약 1분간 접착시킨 후 떼어 내고 확대경(약 6배율)을 통해 떨어져 나간 부위의 정도를 측정한다.

### 8.3.4 감리·검사를 위한 준비

감리·검사 대행업체는 우선 인력적 측면에서 자격과 지식을 갖춘 전문가를 충분히 확보하고 있어야 하며, 기자재적 그리고 공간적 측면에서 정확한 시험을 수행할 수 있는 다음과 같은 최소의 장비와 적합한 시험 공간을 확보(예를 들면 온도 20℃, 습도 50%)하여야 한다.

1) 공극률의 측정을 위한 기계
2) CM 기계
3) 콘크리트의 철근 피복 두께 측정기
4) 흡수 시험을 위한 장비
5) 모래를 이용한 콘크리트의 거칠기 측정 장비
6) 압축 강도 측정기
7) 저울(최대 측정 중량 : 50 kg, 정확도 : 10 g)(최대 측정 중량 : 20 kg, 정확도 : 1 g)
   (최대 측정 중량 : 1 kg, 정확도 : 0.1 g)
8) 칼긋기 시험에 의한 도료의 두께 측정 장비
9) 온도계, 습도계
10) 체(0.063~63 mm)
11) 건조기
12) 접합 강도 측정기

13) 온도·습도 조절 상자
14) 점성 측정 장치
15) 균열의 크기 및 변화 측정기
16) 탄소화 측정 장비
17) 시험체 채취기
18) 진동 탁자, 제분기
19) Flow, Slump 측정 장비
20) 물시멘트비 측정기
21) 투수 측정 장비
22) 염분 함량 측정 장비
23) 밀도 측정 장비 등등

# 9
# 유기 재료의 부식

## 9.1 목재의 부식

완전 건조된 상태의 또는 수중에서의 목재는 강한 내구성을 갖는다. 또한 약산이나 특정한 화학 물질(2<pH<10)에 대해서도 일정한 내구성을 갖고 있지만, 건조·습윤의 반복 등은 색의 변화, 미생물의 번식, 목재 구성 물질의 파손을 야기시켜 그 내구성을 점차 감소시킨다.

목재의 훼손을 야기시키는 대표적인 요인은 다음과 같다.

- 풍화 작용

태양의 광선(UV)은 목재 표면의 색 변화와 더불어 목재의 광화학적 반응을 야기시키는데, 이것을 통해 생성된 부식물(부산물)은 비 등을 통해 매년 0.01~0.1 mm 정도씩 풍화된다. 이와 더불어 습기가 존재할 경우에는 곰팡이 등의 서식으로 인해 목재의 색 변화(회색에서 검은색)가 발생하기도 한다.

- 미생물

목재의 훼손을 야기시키는 가장 큰 원인으로 미생물의 번식을 들 수 있다. 미생물은 습기

20~60%, 온도 3~40℃, 정체된 공기, 어두움 등의 조건하에서 주로 발생하는데, 미생물에 의한 생화학적 반응은 목재의 구성 물질인 셀룰로오스를 파괴시킨다. 또한 곤충에 의한 목재의 훼손도 무시할 수 없는 한 요소이다.

- 온도의 영향

목재의 열에 대한 내구성은 우선 목재의 낮은 열전도율에 기인한다. 그러나 온도의 증가에 따라 목재의 강도는 점차 감소되는데, 약 150℃ 이하의 온도에서는 천천히 그리고 장시간 후에 감소 현상이 발생하며, 온도가 약 250℃에 이르면 매우 빠르게 진행된다.

## 9.2 역청계(瀝靑系 ; Bitumen系) 재료의 부식

온도의 변화에 대해서 신축성을 갖는 역청(Bitumen)이나 타르(Tar)는 강한 방수성을, 그리고 산이나 염에 대해서 우수한 내화학성을 갖고 있다. 그러나 온도의 증가와 그것에 따른 재료의 팽창은 이러한 내구성을 점차 감소시키는 원인으로 작용한다. 역청과 타르의 특성을 부식적인 측면에서 열거하면 다음과 같다.

- 역청
① 광물유(鑛物油)에 의해 용해된다.
② 공기에 의한 산화 작용은 매우 작다.
③ 접합제, 방수제, 충전제 등 그 용도가 다양하다.
④ 상수관의 부식 방지에 큰 효과가 있다.

- 타르
① 광물유에 의한 용해성은 매우 작다.
② 산소와 빛에 의해 급격히 풍화된다.
③ 침투 능력이 좋다.
④ Antibiology의 특성을 갖는다.
⑤ 인조 재료(예를 들면 에폭시 수지)와 혼합시 탁월한 성능을 나타낸다.

## 9.3 인조 재료의 부식

고단위 폴리머로 형성된 인조 재료(예를 들면 PVC, PS, PE, PUR, EP, PC 등)는 철이나 콘크리트보다 그 내구성(사용 연한 : 약 10~60년)이 뛰어나므로 주로 다른 건축 재료의 부식 방지를 위해 사용된다. 그러나 용해, 산화, 압력, 온도, 빛 등에 의해 자체적으로 부식되기도 하며, 재료에 따라 직접 유해 물질을 발산해 보호되어야 할 콘크리트나 철의 부식을 야기시키기도 한다.

다음은 인조 재료의 부식을 야기시키는 대표적인 원인이다.

- **용매에 의한 부식**

용액 상태의 용매는 인조 재료의 분자 결합 구조체로 침투하여 분자 사이의 결합을 단절하는 작용을 하는데, 이것은 분자 사이의 결합력이 용매가 분자 구조에 미치는 힘보다 작을 때에 주로 발생한다. 용매에 의한 인조 재료의 부식은 그들의 분자 결합 상태에 따라 상이한데, 일반적으로 그들 사이의 분자 결합 형식이 비슷할수록 용매성, 즉 부식의 크기는 점차 증가한다.

- **산소에 의한 부식**

인조 재료가 공기 중의 산소나 산화 물질(예로 질산)과 접촉할 경우 산화 부식이 시작된다. 산화는 인조 재료의 분자 구조를 파괴시킬 뿐만 아니라 인조 재료의 기계학적 특성을 점차 변화시킨다(하나의 예로 인조 도료의 신축성 상실).

- **균열의 발생**

철에서와 마찬가지로 인조 재료에 있어서도 인장 응력에 의한 미세 균열이 발생하기도 한다. 미세 균열의 발생은 인조 재료의 파손과 직접적으로 연결되는데, 이것은 추가적으로 화학적 영향에 의한 부식을 더욱 용이하게 한다.

- **생물학적 부식**

생물학적 부식이란 주로 이끼, 곰팡이, 흰개미 등에 의한 부식을 의미하는데 주로 따뜻하고 습한 지역에서 발생한다.

- **기계적 에너지의 영향**

장시간 작용하는 기계적 힘은 그 크기에 따라 인조 재료의 원상 복구 가능 또는 불가능의 상태를 야기시키는데, 원상 복구 불가능의 한 예로 폴리우레탄의 C-C 결합 구조의 단절과 그것

표 9.1 인조 재료의 화학적 결합 에너지와 빛 에너지

| 결합 구조 | 결합 에너지(kJ/mol) | 빛 에너지(kJ/mol) |
|---|---|---|
| O-H | 460 | UV 광선>310 |
| C-H(Ethylen) | 444 | |
| C-H(Methan) | 410 | |
| C-O | 364 | |
| C-C | 335 | |
| C-O(Ether) | 331 | |
| C-Cl | 327 | |
| | | $\lambda$=380 nm |
| C-S | 276 | 가시 광선<310 |
| S-S | 227 | |
| O-O | 147 | |

에 따른 폴리머 등급의 저하를 들 수 있다.

- **열적 에너지의 영향**

온도의 상승은 인조 재료 분자의 유동성을 용이케 하여, 즉 분자 사이의 충돌을 유발하여 결과적으로 분자의 결합 구조를 파괴시킨다. 또한 재료에 따른 한계 온도를 초과할 경우에는 재료의 형태 변화가 발생하기도 한다.

- **빛의 영향**

UV광선 또는 $\gamma$광선 등에 인조 재료가 노출될 경우 재료 속으로 흡입된 빛 에너지는 인조 재료의 분자 구조를 불안정 상태로 만든다. 이때 흡입된 빛 에너지가 분자 사이의 결합 에너지보다 클 경우에는 분자 결합의 단절과 그것에 따른 형태 변화가 발생한다(표 9.1 참조). 일반적으로 UV광선은 분자 사이의 결합 에너지보다 큰 에너지를 갖고 있으므로 인조 재료의 빛에 의한 부식을 야기시킨다.

# 10 기타 금속의 부식

## 10.1 공기와 물의 영향

- 공기의 영향

공기에 의한 유해 요인으로 우선 비, 습기, 오염 물질 등을 들 수 있다. 이들의 계절에 따른 상이한 변화에 기인하여 금속의 부식 정도 또한 계절에 크게 영향을 받는다고 할 수 있는데, 철의 경우에 있어서 겨울에 발생하는 부식의 정도는 여름에 발생하는 부식의 정도보다 약 5배 가량 크다.

공기 중에 함유되어 있는 주요 유해 물질, 즉 금속의 부식을 야기시키는 대표적인 물질의 종류와 특성을 열거하면 다음과 같다.

① $SO_2$ : 금속, 특히 아연과 철의 부식에 중요한 영향을 미치며 화석 연료의 연소시에 주로 발생한다. 산화와 물과의 반응을 통해 쉽게 황산으로 변하는데 온도가 낮아지는 겨울철에 특히 그 함량이 증가된다. 공기 중에서의 함량은 도시에서 약<0.04 ppm, 공업 지역에서 약 0.04~0.07 ppm(독일 기준)에 달한다.

② HCl : 금속의 부식에 직접적인 영향을 미치는 한 요소로 공기의 종류에 따라서 그 함량의 차이가 있다. 도시나 공업 지역에서 약 $30\,\mu g/m^3$, 해안 지역에서 약 $100\,\mu g/m^3$(독일 기준)에 달한다.

③ $H_2S$ : 정화조 또는 배수 처리 시설이 위치한 지역 등 특정한 지역에 한하여 금속의 부식 발생에 충분한 농도가 존재한다.

지역에 따른, 즉 공기의 종류에 따른 대략적인 금속의 부식 정도를 표 10.1에 나타낸다.

표 10.1 공기의 종류에 따른 금속의 부식 정도($\mu m$/ 년)

|  | 시외 | 도시 | 공업 지역 | 해안 지역 |
|---|---|---|---|---|
| 철 | 10~65 | 30~70 | 40~170 | 20~200 |
| 구리 | <0.5 | 0.5~2 | 1~5 | 1~2 |
| 알루미늄 | <0.1 | 0.1~1.0 | 1~3 | 약 1.0 |
| 아연 | 2~4 | 2~8 | 8~20 | 3~15 |
| 납 | <0.3 | 약 0.5 | 0.5~2 | 0.5~1 |

• 물의 영향

금속의 부식에 큰 영향을 미치는 물의 부식적 특성 파악은 공기의 부식적 특성 파악보다 매우 난이하다. 그 이유로는 물의 성분, pH 수치, 온도, 전도율 등 다양한 영향 요소에 의해 물의 부식적 특성이 결정되며, 전기 화학적 부식 또한 부식 발생의 중요한 원인으로 작용하기 때문이다.

물의 종류와 그것에 따른 부식적 특성을 열거하면 다음과 같다.

① 비 : 건축 재료를 표면적 또는 내부적으로 습하게 하여 공기 중의 유해 물질과 건축 재료 사이의 접촉을 용이하게 할 뿐만 아니라 공기를 통해 낙하하는 도중 직접 유해 물질을 함유하여 건축 재료의 부식을 야기시킨다. 일반적인 비의 pH 수치는 약 5~6 정도인데 공업 지역에 내리는 비의 pH 수치는 약 3 정도로 강한 산성을, 즉 건축 재료의 부식에 큰 영향을 미친다.

② 식수와 용수 : 일반적으로 지표수와 지하수로 나눈다. 거의 염을 함유하지 않는 지표수에 반해 토나 암석의 여과 과정을 거쳐 생성되는 지하수는 자연히 여러 가지의 염을 함유하게 되어 금속의 부식을 야기시킨다. 예를 들면 탄산을 함유한 지하수는 칼슘이나 마그

네슘 성분을 용해시켜 경수(硬水)의 성질을 띠게 되는데, 이것은 물 흐름 속도 등의 영향 요소와 함께 수도관 부식의 주원인으로 작용한다.

물에 함유된 산소의 함량 또한 금속, 특히 철이나 구리의 부식에 큰 영향을 미친다. 산소는 금속의 산화를 직접적으로 야기시킬 뿐만 아니라 금속의 전기 화학적 부식을 촉진시키는 역할을 한다.

## 10.2 알루미늄

알루미늄이 공기와 접촉하면 비수용성의 알루미늄 산화층(1개월 후 약 $10 \cdot 10^{-9}$ m)이 형성된다. 이것은 공기 중의 $CO_2$와 거의 반응하지 않는 하나의 보호막으로 작용하는데, 이것에 산(pH<4)이나 알칼리(pH>10)의 작용이 있을 때에는 보호막 기능의 손실, 즉 알루미늄의 부식이 발생하기 시작한다. 또한 비철금속 등과 접촉할 때 재료에 따른 전위차에 의해서도 부식이 발생한다(표 10.2 참조).

표 10.2 금속의 접촉 부식(+ : 비부식, - : 부식)

|    | Al | Pb | Fe | Cu | Zn |
|----|----|----|----|----|----|
| Al |    | -  | -  | -  | +  |
| Pb | -  |    | ±  | +  | -  |
| Fe | -  | ±  |    | -  | ±  |
| Cu | -  | +  | -  |    | -  |
| Zn | +  | -  | ±  | -  |    |

합금 알루미늄(예를 들면 AlMgSi)은 그 구성 분자의 상이성에 기인하여 이질의 산화층을 형성하며 이질의 전기 화학적 반응을 한다. 그것에 따라 주로 국부적인 부식이 발생하는데 이것은 상술한 보호막의 재생성에 따른 부식의 중단과 함께 거칠은 표면의 생성을 동반한다.

## 10.3 납

공기 중에 노출된 납의 표면에는 우선 부식을 통한 하나의 보호막($Pb_2(OH)_2CO_3$)이 형성된다. 이때 공기가 $SO_2$나 $SO_4^{2-}$를 포함하고 있을 경우에는 생성된 보호막에 황화 납이 생성되어 검청색으로의 색 변화를 일으키기도 한다. 그러나 공기 중에 이산화 탄소의 양이 불충분할 경우에는 상술한 보호막이 생성되지 않든지 또는 비견실하게 생성되며, 이산화 탄소를 함유치 않은 물과 접촉할 때 용해성의 수산화 납 $Pb(OH)_2$의 형성으로 부식이 발생한다. 또한 알루미늄과 마찬가지로 비철금속 등과 접촉할 때 그들 사이의 전위차에 의한 부식이 발생하기도 한다 (표 10.2 참조). 납 성분의 용해성과 유독성에 기인하여 식수관으로는 쓰이지 않는다.

## 10.4 구리

냉온수의 공급관으로 주로 이용되는 구리가 공기에 노출될 경우 구리의 표면에는 암갈색으로의 색 변화를 동반한, 강한 접합력과 내풍화성을 갖는 하나의 보호막(이른바 산화 구리층)이 형성되는데, 이것은 점차 미관의 훼손을 가져오는 녹청($Cu_2(OH)_2CO_3$(농업 지역), $Cu_2(OH)_2Cl_2$(해안 지역), $Cu_2(OH)_2SO_4$(공업 지역))으로 변한다.

녹청의 형성 기간은 기후 조건에 따라 상이한데 일반적으로 5~8년(공업 지역), 4~6년(해안 지역), 8~12년(도시 지역), 20~30년(농업 지역) 정도 소요된다(독일 기준). 녹청의 제거는 일반적으로 식초산이나 암모니아수를 통해 가능하며 세척 후 얼룩 생성의 방지를 위해 부분적 세척이 아닌 전체적 세척이 주로 이루어진다.

구리의 부식을 야기시키는 물질의 종류에는 가스로는 하수관이나 정화조 등에서 생성되는 암모니아($NH_3$)와 황화 수소($H_2S$) 등을 들 수 있으며, 이것의 방지를 위해 납이나 역청을 통한 구리의 도금 방법이 주로 사용된다. 물에 포함된 유해한 화학 물질로는 $Cl^-$, $SO_4^{2-}$, $O_2$와 물의 온도 $< 60°C$ 등을 들 수 있다.

## 10.5 아연

아연의 다양한 용도와 높은 내구성은 아연의 실용성을 입증한다. 아연은 $7<pH<12$의 영역에서 강한 내식성을 갖고 있으며, 상대 습도 $>70\%$에서 아연의 표면에는 하나의 강한 보호막($Zn_2(OH)_2CO_3$)이 형성되어서 아연의 계속적인 부식을 방지하는데, 계속되는 풍화 작용에 의한 보호막의 파손과 그것에 따른 즉각적인 새로운 보호막의 형성은 아연의 소모를 동반한다. 지역에 따른 아연의 대략적인 부식 정도는 다음과 같다(독일 기준).

공업 지역 : $8\sim20\ \mu m$/년    해안 지역 : $3\sim15\ \mu m$/년

도시 지역 : $2\sim8\ \mu m$/년    농업 지역 : $2\sim4\ \mu m$/년

아연의 부식에 가장 큰 영향을 미치는 화학 물질로 공기 중의 $SO_2$와 $SO_4^{2-}$를 들 수 있다. 이들에 의해 생성된 아연의 부식물(황산염)은 용해성을 갖고 있으며 그것에 따라 계속적인 부식이 진행된다. 아연의 부식과 비례 관계에 있는 공기 중의 황산 농도는 일반적으로 여름보다 겨울철에 높은 경향을 나타낸다.

아연의 부식에 영향을 미치는 또 다른 한 요소로 아연과 접촉하는 물의 온도를 들 수 있다. 증류수의 온도 약 70℃에서 상술한 보호막은 더 이상 강한 접착력을 갖지 못하기 때문에 아연에 심한 부식이 발생한다. 따라서 온수 또는 난방수 공급관으로의 아연 이용은 그 제한성을 갖는다고 할 수 있다. 그러나 그보다 작거나 높은 온도에서의 아연 부식률은 점차 감소하는 경향을 나타낸다.

물의 온도 이외에 아연의 부식을 야기시키는 또 다른 한 요소로 물에 원초적으로 녹아 있는 산소를 들 수 있다. 일정한 양의 산소는 보호막의 형성시 즉시 소모되어 더 이상의 아연 부식은 발생하지 않지만, 외부로부터의 계속적인 산소의 공급이 있을 경우 아연의 부식은 계속 진행된다.

## 참고 문헌

1) Bartels, W. : Fugenabdichtungen im Bau. Kunstoffe im Bau, Heft 3(1981).
2) Bisle, H. : Ausbessern von Betonoberflaechen. Bauverlag GmbH, Wiesbaden-Berlin, 1975.
3) Dobrolubov, G. u. Romer, B. : Richtlinien zur Bestimmung und Pruefung der Frost-Taubestaendigkeit von Zementbeton. Strasse und Verkehr, Heft 10 u. 11, 1977.
4) Engelfried, R. : Betonsanierungsmassnahmen. Bautenschutz und Bausanierung, Heft 6(1983).
5) Fiebrich, M. : Kunststoffbeschichtungen auf staendig durchfeuchtetem Beton. Deutscher Ausschuss fuer Stahlbeton, Heft 410, Beuth-Verlag GmbH, Berlin Koeln, 1990.
6) Gieler, R. : Ueberlegungem und Versuche tur Rissueberbrueckungsfaehigkeit spezieller Beschichtungssysteme fuer Fassaden. Diss., Dortmund 1989.
7) Glaser, H. : Graphisches Verfahren zur Untersuchung von Diffusionsvorgaengen. Kaeltetechnik, Heft 10, 1959.
8) Helmen, T. : Pruefung der Haftfestigkeit. Farbe+lack, Heft 5(1985).
9) Kern, E. : Versuche an Ausbesserungssystemen fuer Beton. Beton, Heft, 12 (1984).
10) Kern, E. : Dichten von Rissen und Fehlstellen im Beton durch Injektion von Kunststoffen. VDI-Berichte, Jg. 1980, Nr. 384.
11) Knoefel, D. : Carbonatisierung von Beton. Bautenschutz und Bausanierung, Sonderheft(1983).
12) Klopfer, H. : Die Carbonatisierung von Sichtbeton und ihre Bekaempfung. Bautenschutz und Bausanierung, Heft 3(1978).
13) Klopfer, H. : Schaeden an Sichtbetonoberflaechen. IRB-Verlag(1993).

14) Klopfer, H. : Anstrichschaeden. Bauverlag GmbH., Wiesbaden und Berlin, 1976.

15) Klopfer, H. : Impraegnierungen, Anstriche und Beschichtungen fuer Beton. Zementtaschenbuch, Jg. 1984, Bauverlag GmbH., Wiesbaden und Berlin.

16) Klose, N. : Alterung von Betonbauteilen. Ursachen−Gegenmassnahmen. Betonwerk+Fertigteiltechnik, Heft 9(1986).

17) Knoefel, D. : Stichwort Baustoffkorrosion. Wiesbaden und Berlin : Bauverlag GmbH 1982.

18) Knoefel, D. : Bautenschutz mineralischer Baustoffe. Wiesbaden und Berlin : Bauverlag GmbH 1979.

19) Kordina, K. : Reparatur und Schutz zerstoerter oder nicht einwandfrei ausgefuehrter Betonoberflaechen. Betonwerk und Fertigteiltechnik, Heft 3(1982).

20) Martin, H. : Carbonatisierung von Beton aus verschiedenen Zementen. Betonwerk+Fertigteiltechnik 41(1975).

21) Nischer, P. : Einfluss der Betonguete auf die Karbonatisierung. Zement und Beton 29(1984).

22) Ruffert, G. : Schaeden an Betonbauwerken. Verlagsges. R. Mueller(1982).

23) Satter, E., M. Krauth : Betonsanierung im Betonschutz. Bautenschutz und Bausanierung, Heft 4(1980).

24) Schneider, U. : Brandschaeden an Stahlbetonbauwerken. schaden-prisma, Heft 4(1988).

25) Schroeder, M. : Instandsetzung von Sichtbeton mit Reaktionsharz-und kunstststoffverguetetem Zement−Moerteln. Kunstoffe im Bau, Heft 3(1984).

26) Schuhmann, H. : Betonausbesserungen mit hydraulischen und kunstoffgebundenen Moerteln. Bautenschutz und Bausanierung, Heft

4(1980).

27) Tritthart, J. Geymayer, H. : Zerstoerungsfreies Auffinden von Korrosionszonen der Bewehrung. beton, Heft 6(1981).

28) Trost, H., Cordes, H. u. Ripphausen, B. : Zur Wasserundurchlaessigkkeit von Stahlbetonbauteilen mit Trennrissen. Beton-u. Stahlbetonbau. Heft 3(1989).

29) Volkwein, A. : Untersuchungen ueber das Eindringen von Wasser und Chlorid in Beton. Diss. Muenchen, 1991.

30) Wischers, G. : Einfluss der Zementart auf den Korrosionsschutz der Stahlbewehrung. Baustoffe 85, Bauverlag GmbH, Wiesbaden 1985.

31) DIN 1045 : Beton und Stahlbeton, Bemessung und Ausfuehrung (1978).

32) DIN 4030 : Beurteilung betonangreifender Waesser, Boeden und Gase (1969).

33) DIN 4108 : Waermeschutz im Hochbau(1981).

34) DIN 18195 : Bauwerkabdichtung(1983).

35) DIN 18551 : Spritzbeton, Herstellung und Pruefung.

36) DIN 52617 : Bestimmung des Wasseraufnahmekoeffizienten von Baustoffen (1984).

37) DIN 55928 : Korrosionsschutz von Stahlbeton durch Beschichtung und Ueberzuege(1977).

38) Merkblatt "Instandsetzung von Bauteilen". Deutscher Beton-Verlein(1982).

39) Merkblatt fuer Schutzueberzuege auf Beton bei sehr starken Angriffen nach DIN 4030.

40) Beton Verlag, Duesseldorf(1973).

41) Merkblatt fuer die Unterhaltung und Instandsetzung von Fahrbahndecken aus Beton.

42) Forschungsgesellschaft fuer Strassen-und Verkehrswesen e.V.(1976).

43) Merkblatt fuer das Verpressen von Rissen mit Epoxidharzsystemen. Der Bundesminister fuer Verkehr(1980).

44) Richtlinien fuer die Ausbesserung und Verstaerkung von Betonbauteilen mit Spritzbeton. Deutscher.

45) Ausschuss fuer Stahlbeton, Berlin(1983).

46) Richtlinien fuer Trennmittel, Trennmittel fuer Betonschalungem und-formen(1980).

47) Richtlinie zur Verbesserung der Dauerhaftigkeit von Aussenbauteilen aus Stahlbeton. Deutscher Ausschuss fuer Stahlbeton, Berlin(1983).

48) Richtlinie zur Nachbehandlung von Beton. Deutscher Ausschuss fuer Stahlbeton, Berlin(1984).

■ 지은이 소개 ■

## 이 민석(李 敏碩)

- 용산 고등학교
- 건국 대학교 건축공학과(학사)
- 건국 대학교 건축공학과 대학원(석사)
- 서독 도르트문트 대학교 건축물리학(공학 박사)
- 현대건설 기술연구소 선임연구원(現)

## 건축물의 보수와 유지 · 관리

첫판 1쇄 펴낸 날 · 1997년 9월 10일

지은이 · 이민석
펴낸이 · 전조연
편집 · 하영희
전산 · 서행아

펴낸 곳 · 도서출판 건설도서
출판등록 · 1988년 1월 25일, 제 3-165호
주소 · 서울시 용산구 갈월동 9-2 대하 B/D 3층
전화 · (02) 775-7730(대)
팩시밀리 · (02) 771-8384

ⓒ이민석, 1997

값 9,000원
ISBN 89-7706-069-9   93540

☞파본 및 낙장은 교환하여 드립니다.